TEMA 46

OTROS RECURSOS BIÓTICOS. APROVECHAMIENTO MEDICINAL, ORNAMENTAL, AGROPECUARIO, AVÍCOLA, PESQUERO. LA BIOTECNOLOGÍA.

0. INTRODUCCIÓN

En este tema vamos a estudiar una serie de recursos que nos ofrece el sistema natural que son muy útiles para el ser humano. En concreto, nos centraremos en el uso medicinal que tienen algunas plantas, así como el ornamental; también trataremos de pasada la agricultura, la ganadería y la pesca. Finalmente, hablaremos un poco de la nueva ciencia de la biotecnología, sus principios, principales utilidades y límites.

Tratar todos estos aspectos con profundidad sería muy difícil en el tiempo que disponemos, así que trataremos de hacer un resumen de los aspectos principales, excusando la posible falta de otros.

El conocimiento que se tiene actualmente del medio natural, de sus componentes y funcionamiento, nos ayuda a comprenderlo un poco mejor y a saber explotar los recursos que nos ofrece de manera más eficaz pero, a la vez, más respetuosa.

Para la exposición de este tema seguiré el siguiente orden... (es muy conveniente exponer con claridad, aquí al principio, el orden que se va a seguir, leer el índice de una forma ágil)

1

1. OTROS RECURSOS BIÓTICOS

En la historia del ser humano, los recursos naturales han tenido una importancia vital para su desarrollo. De hecho, muchas civilizaciones experimentaron un fuerte desarrollo tras el descubrimiento de una nueva fuente de energía, alimento o, en general, de un nuevo recurso.

Cada época ha venido marcada por la utilización de nuevos recursos. Pero no hay otro periodo en la historia del hombre como el actual, en que la búsqueda de nuevos recursos bióticos ha experimentados un avance tan grande. Hoy día, las nuevas técnicas de investigación, los nuevos métodos de cultivo, las instalaciones, el conocimiento de la biología de muchas especies, etc., ha permitido explotar y extraer alimentos, medicamentos, vacunas... de donde antes no las había.

Por otro lado, se ha redescubierto la medicina tradicional. Desde antiguo, se han utilizando plantas, básicamente, pero también otros productos de origen natural para curar ciertas enfermedades o trastornos. Cabe decir, que muchas de ellas, sin haber sido probadas científicamente, han sido muy útiles y, años más tarde, la ciencia les ha dado la razón de su funcionamiento. A otras muchas, en cambio, se les ha dado poderes y propiedades que no poseían realmente y la ciencia, posteriormente, las ha dejado en evidencia.

2. APROVECHAMIENTO MEDICINAL

El primer recurso que veremos es la utilización medicinal que tienen las plantas. Este "conocimiento popular" fue muy importante en el pasado, y de él dependía, básicamente, la curación de muchas enfermedades.

2.1. Las plantas medicinales en la historia del hombre

Documentos egipcios escritos datados de hace más de 4000 años nos hablan ya de ungüentos utilizados para la belleza y la momificación. Muchos de éstos provenían de plantas, y estos escritos nos hablan también de sus modos de recolección y extracción. Más o menos de la misma época existen documentos chinos que explican la utilización de ciertas especies vegetales como el *granado*, la *adormidera* o el *ruibarbo*.

No obstante, a pesar de poseer estos documentos, es muy probable que en la prehistoria ya se utilizaran ciertos tipos de plantas medicinales como remedios curativos.

Ya en el siglo I d.C., el griego Dioscórides en su libro *"Materia médica"*, trata de una gran cantidad de remedios naturales, entre los que incluye más de 600 tipos de animales, plantas y rocas. Este tratado fue utilizado hasta bien avanzada la Edad Media.

En el siglo XIX, Carlos Lineo en su libro *Species plantarum* describe a una serie de plantas medicinales, a las cuales les asocia, en su designación latina, el epíteto específico *offinalis*, refiriéndose a su interés por alguna de sus propiedades. No obstante, cabe decir que no todos estos remedios eran siempre reales.

¿Cómo se llega a adquirir este conocimiento? Los lugareños tienen ciertos remedios para curar las enfermedades. Todo este conocimiento se deriva de la medicina tradicional, que se basaba en una serie de evidencias como la observación de animales, que evitaban comer ciertos tipos de plantas o comían de otras cuando presentaban algún tipo de alteración. También por los mismos ensayos de prueba y error que llevaba a cabo la gente.

Cabe destacar una teoría, conocida como *Teoría de los signos*. Esta dice que cada vegetal es bueno para lo que significa, basándose en la forma, el color, el lugar donde vive, etc. Así, si una planta tenía forma de hígado, sería buena para remediar los males de este órgano; si tenía forma de de muela, para los males de los diente, etc. Por ejemplo, las nueces, con su forma de cerebro, serían buenas para curar los males de la cabeza, la alacranera (*Coronilla scorpioides*) curaría las picaduras de escorpión, el rosal silvestre (*Rosa canina*) para las mordeduras de perro, los frutos del beleño (*Hyoscyamus niger*) con su forma de molar, para los males de boca, las hepáticas para los del hígado, etc. De esta manera, todas las plantas sirven para algo, lo que pasa es que se ha de averiguar para qué. Como hemos podido ver, esta utilidad queda reflejada en los nombres científicos de estas plantas (*Fontinalis antipyretica, Anemone hepatica, Rosmarinus officinalis, Rosa canina...*).

Actualmente, la base de conocimiento de las plantas ha cambiado y toda planta con remedio posee una explicación científica. Se conoce qué planta produce qué compuesto y, más concretamente, los principios activos que producen ese efecto y cómo funcionan. Muchos datos científicos han reconocido el conocimiento popular, así como el cultivo y la preparación de estas plantas. En otras ocasiones, estos principios activos se han sintetizado de manera artificial en laboratorio, refinado, las dosis, utilidad, acción... No obstante, alrededor de una cuarta parte de los medicamentos utilizados tienen su base en las plantas medicinales.

Por otro lado, en los últimos años se ha vuelto a la medicina natural, a utilizar los principios activos que nos ofrecen las plantas sin haber sido manipuladas químicamente.

2.2. La acción de las plantas medicinales

Las plantas medicinales son plantas con propiedades curativas debido a que poseen una serie de *principios activos*. La ciencia que estudia estas propiedades se conoce como *Etnobotánica*.

Cada planta "medicinal" posee una serie de **principios activos** propios. Éstos son productos elaborados durante el metabolismo secundario de la planta o, simplemente, productos de desecho. En muchas ocasiones, no se distribuyen homogéneamente por la planta, por lo que las encontraremos en concentradas en ciertas partes de éstas.

Un principio activo es una sustancia que altera el organismo, ya sea para bien o para mal. La valoración biológica de estos principios se realiza a partir de la alteración que producen diferentes concentraciones de estos productos sobre una persona, y otro organismo.

Por otro lado, la utilización de las plantas se puede realizar de manera directa, consumiendo la planta entera, bien una parte de ella, o bien extrayendo los principios activos que posee y consumirlos aparte.

2.3. Algunos principios activos más importantes

Como hemos visto, las plantas que se consideran medicinales, poseen una serie de principios activos que les dan estas propiedades. Existe una gran variedad de éstos; vamos a ver algunos de los más destacados.

- **Alcaloides**. Son los principios activos más importantes, de origen nitrogenado. El más conocido de ellos puede que sea la *morfina*, aunque también lo son la nicotina, papaverina, narcotina... Actúan sobre el sistema nervioso central y pueden ser alucinógenos (morfina y cafeína), venenos (cicuta), antipiréticos (quinina). Plantas que los contienen son el tabaco (*Nicotinana tabacum*), el opio (*Papaver somniferum*), el tejo (*Taxus baccata*), el agracejo (*Berberis vulgaris*), etc.

- **Taninos**. Están compuestos por un grupo fenol más azúcares. Son desinfectantes, inhibidores de alcaloides, anti diarreicos, antiinflamatorios... Los contienen plantas como el madroño (*Arbutus unedo*), el nogal (*Juglans regia*) y el castaño (*Castanea sativa*).

- **Esencias**. Son sustancias volátiles olorosas, formadas por mezclas de diferentes productos (alcoholes, éteres, cetonas...). Son utilizadas como especias, desinfectantes estomacales, expectorantes, antisépticos, antihistamínicos... Los contienen muchas labiadas como el orégano (*Origanum vulgare*), el romero (*Rosmarinus officinalis*), la albahaca (*Ocimum basilicum*), y otras como el apio (*Apium graveolens*), el hinojo (*Foeniculum vulgare*), el junípero (*Juniperus communis*), etc.

- **Vitaminas**. Son principios esenciales que no pueden ser producidos por el cuerpo humano. Algunas plantas las contienen en grandes cantidades. Así, la vitamina A es abundante en la zanahoria (*Daucus carota*), el tomate (*Solanum lycopersicum*) y el perejil (*Petroselium crispum*); la vitamina C en los cítricos (*Citrus sp.*) y el pimiento (*Capsicum sp.*); la vitamina E en los cereales, etc.

- **Saponinas**. Se trata de heterósidos, que son solubles en agua. Tienen propiedades diuréticas, antisépticas y laxantes. Los contienen plantas como el abedul (*Betula pendula*), el espárrago (*Asparagus offinicinalis*), la hiedra (*Hedera helix*) o la violeta (*Viola tricolor*).

- Otros principios activos pueden ser *polisacáridos*, *ácidos grasos* y *resinas*.

3. APROVECHAMIENTO ORNAMENTAL

Las plantas también sido muy importantes en la utilización con fines ornamentales, ya sea por su forma, color, estacionalidad, etc.

3.1. La historia de los jardines

Los jardinees son construcciones con especies vegetales, aunque también pueden tener especies animales, con presencia de agua, que determina la subsistencia del jardín y da sensaciones de paz y vitalidad. Generalmente, presentan un cierre que separa y protege el jardín del medio externo y del elemento antrópico. Por otro lado, la ordenación interna es diferente al resto de la naturaleza.

El origen de estas prácticas se remonta al Mesolítico, entre los años 4000 y 5000 antes de Cristo, cuando el hombre se hace sedentario. Esta práctica está relacionada con la ganadería, pues se plantaban plantas espinosas para retener el ganado y, más tarde, para limitar las tierras de labor.

No obstante, los jardines propiamente dichos no aparecen hasta aproximadamente el 1400 a.C. en la cultura egipcia. Esto ha quedado reflejado en las pinturas y construcciones. Hacia aproximadamente el año 1000 a.C., en Mesopotamia, encontramos los jardines colgantes de Babilonia, de exuberante belleza, según los textos que nos han llegado.

Posteriormente, los jardines romanos predominaron hasta el renacimiento. Éstos eran considerados como un lugar de meditación e inspiración.

Con la influencia de las religiones cristiana y musulmana, los jardines pasan a ser en la tierra lo que el paraíso será en el cielo. Así, el agua, las plantas, la vida de los jardines, en general, dan sensaciones de paz, bienestar... donde le trabajo y el dolor se olvidan por un momento.

En la Europa renacentista, los jardines palaciegos tienen una predominación del elemento antrópico sobre el natural, con límites muy claros y delimitados. Surgen diferentes modelos de jardín, como el italiano, el francés, el romántico...

En Oriente, la concepción del jardín es un tanto diferente. Se saben que existían ya hace 1200 años a.C., e intentan ser la representación de determinados espíritus, con una concepción animista, que todo está animado. El hombre pasa a ser una habitante más y no como un dueño del jardín. Se introducen nuevos valores, como la escala; así, los bonsais son una especie de jardín en miniatura. El fondo también es importante, y así se incorpora un trasfondo en el jardín que da sensación de conjunto y que realza, como consecuencia, las sensaciones de placer y belleza.

3.2. Los jardines en la actualidad

Actualmente, los jardines adquieren un nuevo valor, si bien mucho más utilitario, según las necesidades del momento.

Tras la Revolución Industrial, la población creció y el paisaje sufrió un deterioro considerable. Existía una reclamación de zonas verdes y, posteriormente, se crearon por primera vez los jardines públicos. De estos encontramos dos tipos: aquéllos que se generan en zonas concretas y forman lo que conocemos como parques y jardines, y aquéllos conocidos como *jardinería de transición o de acompañamiento*, que rodean edificios o siguen lateralmente a las calles.

Los jardines urbanos se amoldan a los espacios que deja la ciudad. Con esto, se busca proporcionar lugares de descanso que combata la pesadez y el estrés que genera la ciudad. Se llega así a un tratamiento integral del entorno, en el que vuelven a convivir el ser humano y el resto de la naturaleza.

También cabe nombrar las plantas utilizadas en interiores, muchas de ellas de origen tropical, y que dan un toque más natural y vivo a los interiores de casas y viviendas.

3.3. Algunas plantas más utilizadas en jardinería

A continuación, vamos a nombrar algunas de las plantas más utilizadas en jardinería, tanto de interior como de exterior. Existe una gran variedad de especies, y muchas más de variedades, por lo que en las tiendas de plantas podemos hallar una gran variedad de formas y colores. Nombraremos los nombres comerciales.

- **Árboles y arbustos**. Entre los más destacados están el cedro, la tipuana, azaleas, ficus, gardenias, parra de jardín, glicinas, madreselvas, jazmín, pasionaria, ipomea, falsa pimienta, melias, acacias, almeces, olmos, palmeras, moreras, plátanos, etc.

- **Plantas herbáceas**. Muchas son de temporada. Encontramos algunas como las primaveras, pensamientos, violetas, geranios, el césped, helechos, esparragueras, tradescantias, costillas de Adán y un larguísimo etcétera.

- **Plantas bulbosas**. Tales como narcisos, dalias, calas, jacintos, iris, azucenas, anémonas, crocus, gladiolos...

4. APROVECHAMIENTO AGROPECUARIO

Los recursos bióticos no sólo incluyen plantas ornamentales, sino también otros muy interesantes en agricultura. Por otro lado, los animales también son un recurso muy importante pues, entre otras cosas nos aportan una fuente de alimento rica en proteína animal.

4.1. La agricultura

La agricultura, esencialmente, se basa en el cultivo de plantas útiles para el ser humano. Ésta comenzó cuando el hombre se hizo sedentario, ya en el Neolítico, y ha influidos de manera muy notable en la historia de ha humanidad.

En sus comienzos, la agricultura utiliza el medio vegetal que tiene a su alrededor, el suelo y el clima; estas condiciones determinará el tipo de cultivo que se lleve a cabo en una zona. Poco a poco se fue buscando la mejora de la producción mediante la utilización de herramientas, así como el refinamiento de las labores y técnicas de cultivo.

En términos generales, se pueden distinguir dos tipos de cultivos:

- **Cultivo intensivo**. En este tipo de cultivo predomina la acción antrópica. Suelen ser cultivos de regadío. Se llevan a cabo riegos y abonados abundantes, se cultivan especies de gran valor, se lleva a cabo una gran inversión. Por otro lado, los problemas de contaminación y erosión también son mayores.

- **Cultivo extensivo**. Aquí predominan las condiciones naturales. En nuestro país suelen ser cultivos de secano. Se cultivan especies autóctonas, más resistentes, los abonos son naturales y menos frecuentes. Los costes de producción son menores, pero también lo es la rentabilidad. Este tipo de agricultura tiende a evolucionar hacia la denominada *agricultura biológica o agricultura sostenible*.

Hoy día, se llevan a cabo nuevas técnicas de cultivo que mejoran de año en año. Así, los riegos tradicionales por inundación se han ido sustituyendo por otro por goteo, más económicos en cuanto al gasto de agua. El abono, en muchas ocasiones, va incluido en el mismo agua de riego y, en casos más concretos, se distribuye vía foliar. También se ha mejorado el cultivo en invernaderos, donde no solo se controla el riego, sino también otros factores como la temperatura, humedad e, incluso, la iluminación. No cabría ni que mencionar la mejora de la maquinaria de cultivo, más específica y eficaz.

Respecto a los cultivos más importantes que se llevan a cabo hoy día en nuestro país, destacamos: arroz, maíz, trigo, soja, cebada, alfalfa, caña de azúcar, viña, olivo, girasol, algodón, cítricos... A menor escala, se cultivan plantas medicinales y ornamentales, como las que ya hemos comentados anteriormente.

4.2. La ganadería

La ganadería, la cría de animales, al igual que agricultura, encuentra su origen en el Neolítico. Los animales son un aporte importante de proteínas y vitaminas, esenciales para nuestro organismo. Se centra, ante todo, en la cría de mamíferos y aves.

Desde antiguo, se han ido seleccionando las mejores razas y variedades por las características que han interesado en cada momento, generalmente, una mayor producción y una mejor estética, aunque también otros aspectos como puede ser la mayor resistencia a las condiciones del medio.

Entre el ganado más utilizado se encuentra el bovino, ovino, caprino, equino, porcino y aviar (que veremos más adelante). Veamos algunos de ellos con más detalle.

- **Ganado bovino.** Las especies de toros y vacas que se utilizan hoy día (*Bos taurus*) provienen del uro (*Bos taurus primigenius*), una especie extinta en el siglo XVII. Su domesticación se produjo en la antigua Grecia. De esta especie se obtiene leche y carne, aunque algunas variedades se utilizan para el deporte taurino o el tiro, en desuso hoy día.

- **Ganado ovino.** Las ovejas, Ovis aries, que tienen su origen doméstico en el muflón (*Ovis ammon*). Su domesticación se produjo en Oriente Medio hace unos 11.000 años. De él se obtiene leche, carne y lana. Es, además, una importante especie utilizada en pastoreo.

- **Ganado caprino.** La cabra doméstica (*Capra hircus*) se originó a partir del bezoar (*Capra aegagrus* o *C. hircus aegagrus*). Su domesticación se produjo en Oriente Medio hace unos 10.000 años. De este ganado se extrae leche y carne. También, junto con las ovejas, son importantes como ganado de pastoreo.

- **Ganado porcino.** El cerdo doméstico (*Sus scrofa vitatus*) proviene de especies salvajes de jabalí (*Sus scrofa*). Su origen se remonta unos 5000 años atrás en Asia y más tarde llegó a Europa. De él se utiliza la carne básicamente pero, haciendo honor al refrán popular "*del cerdo me gustan hasta los andares*", cabe decir que del cerdo se han llegado a utilizar prácticamente todas las partes de su cuerpo, incluso el poco pelo que tiene para hacer cepillos y pinceles.

- **Ganado equino.** El caballo (*Equus caballus*) tiene su origen en dos especies euroasiáticas ya extintas, el tarpán y el caballo de Przewalski. Su domesticación se produjo en Asia. El asno (*Equus asinus*) es otra especie de équido que tiene su origen en el norte de África. El mulo surge como un híbrido entre el caballo y el burro. La utilización de los équidos ha sido como animales de tiro, de carga o, incluso, para carne.

Existen otras especies también utilizadas en ganadería como son el **conejo**, el **ciervo** o el **jabalí**.

5. APROVECHAMIENTO AVÍCOLA

Las aves son vertebrados que han tenido mucha importancia en la alimentación, sobre todo, del hombre. La más importante, sin duda, es hoy día la gallina, pero existen, como veremos, muchas otras.

- **Gallina**. La gallina (*Gallus gallus*) es el ave más utilizada y extendida en el mundo occidental. Existe una gran variedad de razas, y se utilizan unas u otras dependiendo los fines que se busquen (producción de carne, huevos, ornamentales, pelea...). La cría rural de estas aves es muy frecuente, pero económicamente poco importante. En cambio, mucho más importante es la cría industrial, donde se llega a mantener un control muy estricto de parámetros como la alimentación, la temperatura, la luz o la humedad.

- **Pavo**. El pavo (*Meleagris gallopavo*), menos importante que la gallina en alimentación, se cría básicamente como animal de carne. Su cría se lleva a cabo en el suelo, donde se pueden llegar a mantener gran número de ejemplares por metro cuadrado. El pavo real (*Pavo cristatus*), una especie muy parecida, no se utiliza para carne, sino que se cría básicamente como ave ornamental.

- **Pato y ganso**. El pato y el ganso pertenecen a varias de especies de aves acuáticas. Su domesticación ha sido una alternativa a la caza de estas aves en humedales. Su cría es importante en ciertos países del norte, se suele realizar en lugares con agua corriente y se utilizan para producción de carne y, cómo no, de paté.

- Otros menos utilizados pero también importantes, son los **faisanes** para carne; las **avestruces** para carne y huevos; **codornices** para carne, huevos y, últimamente, también para realizar repoblaciones; **perdices** para carne, canto y caza deportiva; **palomas**, para carne, caza y como animal de ornamentación.

6. APROVECHAMIENTO PESQUERO

El aprovechamiento pesquero abarca recursos marinos y continentales. Hoy día tiene una gran importancia el cultivo de especies, tanto en mar como en ríos, pero sigue teniendo mucha importancia la pesca de especies salvajes, lo que requiere de una planificación tanto a nivel local, estatal como mundial para evitar su sobreexplotación y extinción.

Los productos marinos son muy utilizados en todos los continentes, si bien las especies varían de unos a otros. Tanto la pesca en sí como la industria que se deriva de ella genera empleo y tiene, en general, una gran importancia económica. Los principales países pesqueros a nivel mundial son Japón, China y Perú. España ocupa el 8º lugar en cuanto a capturas.

No obstante, estas técnicas explotan especies naturales que, a diferencia de la ganadería, no se han cultivado previamente. Esto genera problemas como la sobreexplotación de unas pocas especies, la pesca de especies no queridas (pescas accidentales), etc. Además, si miramos la pesca desde un punto de vista trófico, se pescan eslabones muy altos, cosa que tiene una mayor importancia si consideramos que las cadenas tróficas en el mar son mucho más largas que en tierra firme. Algunas especies de pesca comunes son la sardina, boquerón, atún, rape, cazón, merluza, pez espada, lenguado, caballa, pescadilla, jurel; almejas, gambas, pulpos, calamares y un largo etc.

Ante esta problemática surge la *acuicultura*. Ésta se basa en el cultivo de especies naturales, de peces principalmente, pero también de muchos invertebrados, en medios artificiales aprovechando, en muchas ocasiones, los mismos medios donde viven las especies. La acuicultura continental es la que surgió en primer lugar, pues los ríos y lagos soportan peor la presión pesquera. Así, se cultivan especies de agua dulce como la trucha, el salmón, la tenca o la carpa.

Posteriormente, surgió la acuicultura marina, que ha sufrido un importante auge en los últimos años, con un mayor número de especies cultivadas, acción que quita presión sobre las poblaciones naturales. Las especies marinas cultivadas son muy diversas, como pueden ser: lubinas, dorada, rodaballo, lenguado, lisa, besugo; mejillones, ostras, almejas, escupiñas, chirla, navaja, pulpo, camarón, langostino, cangrejo...

Por otro lado, también hay que decir que, aparte de la pesca tradicional, también existen otros productos marinos de importancia. Cabe destacar aquí algunos como la esponja, reducida a la utilización en farmacia, corales, muy controlados actualmente, y algas, las cuales han adquirido gran importancia en los últimos años en dietética.

7. LA BIOTECNOLOGÍA

La biotecnología es una ciencia de reciente creación que se basa en la aplicación de los nuevos descubrimientos de la Biología en el campo de las nuevas tecnologías. Así, incluye la utilización de organismos unicelulares para fines prácticos, como la depuración de aguas o la detección de contaminación, la manipulación del material genético de ciertos organismos para mejorar su producción, etc.

De la biotecnología se ha hablado mucho, y se está hablando mucho en los últimos años. Nadie niega su gran poder de mejorar la calidad de vida del ser humano, pero también es cierto que ha generado muchas disputas sobre la legitimidad de su uso en ciertos ámbitos como es la manipulación del código genético de ciertos organismos. Vamos a ver, a continuación, algunos aspectos más relevantes de las aplicaciones de esta ciencia.

La biotecnología usa de los *microorganismos* con fines diversos como pueden ser:

- descontaminación de petróleo
- depuración de aguas residuales
- recuperación de minerales y reciclaje de materia orgánica
- producir sustancias de interés médico
- mejora de productos tradicionales como el yogurt , quesos o bebidas alcohólicas
- biodetección de determinadas sustancias...

Otra gran rama de importante aplicación es la *ingeniería genética*, como puede ser:

- el análisis y la corrección de anomalías genéticas
- fecundación e inseminación artificial
- manipulación del genoma (transgénicos) para aumentar el producción, resistencia...

Otras aplicaciones importantes de la biotecnología son:

- producción de tejidos artificiales a partir de cultivos celulares para utilizarlos como implantes
- producción de lana, seda, celulosa artificial o, incluso, tejidos artificiales
- crear estrategias de lucha contra las plagas como es el caso de la utilización de algunas bacterias (*Bacillus thuringiensis*) contra ciertas plagas de orugas
- biorremediación con bacterias y plantas que puedan extraer metales pesados, como el estramonio (*Datura stramonium*).

8. CONCLUSIÓN

Para acabar y a modo de resumen, podemos decir que el ser humano ha utilizado de los recursos que el medio le ha ofrecido para beneficio propio, que le ha permitido, entre otras cosas, crear nuevas y mejores formas de vida.

Los recursos que se pueden utilizar del medio son muchos y diversos, animales, plantas, microorganismos... Todo ello ha experimentado una evolución a lo largo de la historia que ha mejorado la obtención de estos recursos del medio y, más aún, a poderlos llegar a producir.

El culmen de todo esto llega con la biotecnología, ciencia que acaba de exprimir los recursos naturales para extraer utilidades extras, más rápidas, más útiles y de mejor calidad.

Por todo ello, hemos de valorar todo el trabajo y empeño que se pone por conocer mejor el medio que nos rodea, su funcionamiento y, cómo no, también sus límites.

Bibliografía útil:

BARNES, S. y CURTIS, E. (2006) "Biología", 6ª edición. Ed. Panamericana.

BLANCO, E. y otros (2001) "Los bosques ibéricos: una interpretación geobotánica", 2a ed. Barcelona. Ed. Planeta.

FONT QUER, P. (1999) "Plantas medicinales: el Dioscórides renovado" Ed. Península.

GARCÍA PÉREZ-CASTEJÓN, J.B. (2002) "Cuaderno de pesca: modalidades y técnicas avanzadas de pesca en mar", Ed. Susaeta.

HICKMAN, C. y otros (2006) "Principios integrales de zoología", 13ª edición. Ed. McGraw-Hill.

INGRAHAM, J.L. y INGRAHAM, C.A. (1998) "Introducción a la microbiología", Ed. Reverté.

IZCO SEVILLANO, J. (2004) "Botánica", Ed. McGraw-Hill.

SMITH, J.E. (2006) "Biotecnología", Zaragoza. Ed. Acribia.

VIDALIE, H.(2001) "Producción de flores y plantas ornamentales", Ed. Mundi-Prensa libros.

TEMA 47

ECOLOGÍA. POBLACIONES, COMUNIDADES Y ECOSISTEMAS. DINÁMICA DE LAS POBLACIONES. INTERACCIONES EN EL ECOSISTEMA. RELACIONES INTRA E INTERESPECÍFICAS.

0. INTRODUCCIÓN

En el presente tema nos centraremos en el estudio de la Ecología como ciencia y, más concretamente, en factores que estudia como son las poblaciones, comunidades y, finalmente, el ecosistema en conjunto, como una unidad funcional propia. También veremos algunas de las principales relaciones que se dan dentro del ecosistema, ya sean entre individuos de la misma especio o entre individuos de distintas especies.

Esta nueva ciencia de la Ecología hoy día abarca una gran cantidad de aspectos de medio natural, por lo que posee una gran abundancia de datos, difíciles de resumir en el espacio y tiempo que disponemos. No obstante, intentaremos exponer aquí los más relevantes.

El conocimiento del medio que nos rodea, de sus componentes y su funcionamiento, es vital para poder valorarlo y, posteriormente, ejercer acciones para conservarlo, protegerlo y, por qué no, para explotarlo de manera sostenible.

Para la exposición de este tema seguiré el siguiente orden... (es muy conveniente exponer con claridad, aquí al principio, el orden que se va a seguir, leer el índice de una forma ágil)

1

1. LA CIENCIA DE LA ECOLOGÍA

La Ecología es una ciencia que estudia las relaciones que se dan entre los organismos y el entorno donde habitan. El origen de la Ecología es reciente; se remonta al siglo XIX, cuando en 1866 Haeckel utiliza por primera vez el término *ecología*. Más tarde, en 1935, Tansley utilizó un nuevo término, el de *ecosistema*. Ramon Margalef, por su parte, aplicó en 1957, la teoría de la información en ecología, para explicar la diversidad de los ecosistemas.

La Ecología utiliza en sus estudios el método sintético, estudiando el todo como entidad y no como la suma de cada una de sus partes por separado. Estudia las poblaciones, comunidades y ecosistemas, como diferentes grados de agrupación de los seres vivos en relación con su medio.

Se puede diferenciar entre *autoecología*, cuando se estudia la ecología de una especie en concreto a nivel poblacional, y *sinecología*, cuando se estudia la ecología de las comunidades.

2. POBLACIONES, COMUNIDADES Y ECOSISTEMAS

Los seres vivos se pueden organizar en diferentes grados como son:

- **Poblaciones**. Una población es un conjunto de organismos de la misma especie que ocupan un espacio concreto y que comparten un depósito genético común.

- **Comunidades**. Una comunidad está compuesta por individuos de distintas especies que viven en un mismo lugar.

- **Ecosistemas**. Un ecosistema se define como un sistema natural complejo y autosuficiente formado por *factores bióticos* (las distintas especies) y *factores abióticos* (el medio, agua, aire, nutrientes...).

2.1. Poblaciones

Una población está compuesta por un conjunto de individuos de la misma especie que viven en un lugar común y se encuentran en *panmixia* (cada individuo de la población se puede aparear con la misma probabilidad con cualquier otro individuo de esa población).

Además, todos los individuos de una población comparten un mismo patrimonio genético y aspectos como la densidad, las tasas de natalidad y mortalidad, el potencial reproductor, la distribución en rango de edades, etc.

Por otro lado, los individuos interaccionan entre sí, generando una serie de relaciones conocidas como relaciones intraespecíficas, que estudiaremos más adelante.

Vivir en grupo supone una serie de ventajas como pueden ser la protección ante los depredadores, la facilidad de encontrar pareja durante la época de reproducción o la división del trabajo. No obstante, también puede comportar desventajas como la misma competencia por los alimentos, sobre todo si estos son escasos, la limitación del espacio o la inhibición de la reproducción.

2.2. Comunidades

Las comunidades representan la parte biótica del ecosistema y, por consiguiente, estará compuesta por individuos de diferentes especies.

En un ecosistema podemos encontrar una **especie dominante**, que suele ser la más abundante y la que da las características principales a un ecosistema. Por otro lado, también puede haber una **especie clave**, que es una especie crucial en el funcionamiento del ecosistema y que, la desaparición de la cual, produciría una transformación acusada en éste.

El lugar que ocupa una especie en un ecosistema se conoce como **nicho ecológico**. Este concepto tiene varias definiciones que, más que ser contradictorias, son complementarias entre sí. Así se define como el *conjunto de condiciones ambientales que determina la distribución de las especies en un determinado lugar*, o el *espacio ambiental n-dimensional que ocupa una especie*, o el *papel que realiza un organismo en su medio biótico*.

Estas definiciones nos dan a entender la complejidad del concepto de nicho que, de una manera u otra, incluye todas las condiciones físicas, químicas y biológicas que una especie necesita para vivir y reproducirse en un ecosistema. Existe un principio, llamada **principio de la exclusión competitiva** que dice que *dos especies no pueden ocupar un mismo nicho*.

Según la amplitud del nicho que ocupen, las especies pueden ser:

- **Especies especialistas**. Son especies que ocupan nichos reducidos y que tienen poca capacidad de adaptación. Suelen encontrarse en las listas de especies en peligro.

- **Especies generalistas**. Se trata de especies que ocupan nichos amplios y que se suelen adaptar fácilmente a nuevas condiciones ambientales.

Cabe hablar también aquí del concepto de **gremio**, que sería un conjunto de especies que llevan a cabo una existencia muy parecida, como puede ser el reparto de una fuente de alimentación común. Este puede ser el caso de los pájaros insectívoros que explotan las diferentes partes de un árbol.

2.3. Ecosistemas

El ecosistema, como ya hemos comentado, está formado por factores bióticos y abióticos.

Los *factores abióticos* pueden ser la luz, la temperatura, la humedad, la altitud, la salinidad o el pH. Algunos de ellos pueden ser **factores limitantes** de la distribución de una especie, y lo pueden ser tanto por defecto como por exceso.

Respecto al **margen de tolerancia** de estos factores, encontramos dos tipos de especies, **especies eurioicas**, si el margen de tolerancia es estrecho, y **especies estenoicas**, si éste es amplio. El margen de tolerancia también nos da una idea de la capacidad de supervivencia de las especies; de esta manera, siguiendo una serie de postulados tenemos que:

- el margen de tolerancia de una especie varía para diferentes factores

- un margen de tolerancia alto permitirá una supervivencia alta de la especie en cuestión

- el margen de tolerancia para un factor puede modificarse por un proceso de adaptación

- durante la época de reproducción el margen de tolerancia se reduce

Cabe aquí hablar también del concepto de **valencia ecológica**, que es la posibilidad que tiene una especie de habitar diferentes medios.

Los *factores bióticos* hemos dicho anteriormente que estaban formados por el conjunto de organismos vivos que ocupaban un ecosistema. Según su papel trófico, estos pueden ser *productores, consumidores* (primarios o herbívoros y secundarios o carnívoros) o *descomponedores*.

Todo el funcionamiento de un ecosistema se basa en la producción de biomasa de los productores. De aquí deriva la **cadena alimentaria**, que puede definirse como la manera en que la producción primaria sostiene a los demás organismos de la comunidad.

Por otro lado, cuando se habla de **hábitat**, se refiere al conjunto de biotopos donde puede habitar una especie.

El ecosistema, en conjunto, se caracteriza porque posee una *capacidad de autorregulación* para hacer frente a los posibles cambios o alteraciones que se produzcan en su seno o que vengan del exterior.

3. DINÁMICA DE LAS POBLACIONES

Vamos a ver a continuación cómo funcionan las poblaciones y cómo se estudia esta dinámica.

3.1. Parámetros poblacionales

Las poblaciones poseen características particulares diferentes a las de los individuos aislados. Las dos principales son la densidad y el tamaño:

- **Tamaño (N)**. Es el número de individuos que posee una población en números absolutos.

- **Densidad**. Hace referencia al número de individuos por unidad de superficie, volumen...

Los individuos de una población pueden estar distribuidos *al azar, uniformemente* o *agregados*. Esta última forma de disposición es la más frecuente debido a que los organismos tienden a relacionarse entre sí y, por otra parte, porque el medio es de por sí abrupto.

Entre los *parámetros* que definen a una población encontramos:

- **Nacimientos (B)**. Es el número de individuos que nacen en una población.

- **Muertes (M)**. Es el número de individuos que mueren en una población.

- **Crecimiento (R)**. Es un parámetro derivado de los anteriores, y se refiere a la diferencia entre los nacimientos y las muertes. Da una idea de la tendencia que lleva una población, en crecimiento o disminución.

$$r = B - M$$

- **Inmigración (I)**. Son los individuos que se incorporan a la población de fuera, o sea, de otras poblaciones.

- **Emigración (E)**. Son los individuos que abandonan la población.

Teniendo en cuenta todos estos factores, podemos decir que el número de individuos que encontramos en una población en un tiempo determinado (N_t) equivale a los individuos que teníamos en un tiempo anterior (N_{t-1}), más los nacimientos, menos las muertes, más los individuos inmigrados, menos los emigrados. Esto quedaría,

$$N_t = N_{t-1} + (B - M) + (I - E)$$

y si sustituimos la tasa de crecimiento por sus valores equivalentes quedaría,

$$N_t = N_{t-1} + R + (I - E)$$

Para cálculos más complejos, la inmigración y la emigración se suelen considerar aparte. Estos valores se pueden integrar y obtenemos unos parámetros que nos servirán para calcular el crecimiento de la población para un periodo de tiempo cualquiera. Tras la integración nos quedaría,

$$N_t = N_o e^{rt}$$

Esto quiere decir que los individuos que tendremos en un momento determinado (N_t) serán igual a los que teníamos inicialmente (N_o) por el número e elevado a la tasa de crecimiento (r) por el tiempo que queramos considerar (t).

Esta nueva tasa de crecimiento (r) es diferente a la anterior. Se llama **tasa de crecimiento intrínseca** y es el número de individuos que se generan por unidad de tiempo. Esta se calcula a partir de la **tasa de natalidad** (b), que son los individuos nacidos por unidad de tiempo, menos la **tasa de mortalidad** (m), que son los individuos que mueren por unidad de tiempo,

$$r = b - m$$

Ahora la tasa de crecimiento nos da una nueva idea de la dinámica de la población, de tal manera que si r>0 la población estará creciendo, si r<0 la población está en recesión, y si r=0 la población no crece y decrece, y se dice entonces que está en **estado estacionario**.

Una población puede crecer hasta un límite, que vendrá impuesto por los recursos del medio (alimento, espacio, luz...). Este límite se conoce como **capacidad de carga** (K), que se define como el número máximo de individuos (N) que puede alcanzar una población en unas condiciones dadas.

En las poblaciones naturales no se da un modelo tan exacto, y esto se debe a factores ambientales (cambios de temperatura, humedad, pH...), bióticos (plagas, competencia, invasiones...) y también al propio proceso evolutivo, que es lento pero que actúa constantemente sobre las especies.

3.2. Distribución de individuos en las poblaciones

La distribución de los individuos dentro de una población se puede estudiar atendiendo a varios factores:

- **Distribución espacial**. Los individuos ocupan un territorio concreto, y sobre éste se pueden disponer de formas diversas, como puede ser al *azar*, *uniformemente* o *agregados*. Ésta última es la más frecuente, pues los organismos suelen vivir bien por parejas, en familias u otros grupos más grandes.

- **Distribución por edades**. Esta distribución se estudia a partir de las pirámides de edades, las cuales se elaboran a partir del número de organismos que hay en cada edad. Según la forma que tengan éstas, podemos ver si la población es *joven* (pirámide con base ancha), *madura* (pirámide con base muy estrecha, incluso más que el vértice), o *estable* (pirámide con formas intermedias entre las dos anteriores).

- **Distribución temporal**. También se puede se puede estudiar la distribución de una población en el tiempo. Esto se conoce como **curvas de supervivencia**, y pueden ser de tres tipos:

  - Tipo I: la tienen poblaciones con poca mortalidad baja en todas las edades, menos al final. Suelen tenerla especies consideradas como *estrategas de la k*, con una baja tasa de natalidad y mortalidad.

  - Tipo II: estas especies o poblaciones tienen una mortalidad constante en todas las edades.

  - Tipo III: la mortalidad se concentra al principio, en las primeras edades, y en las siguientes es muy pequeña. Esta curva es típica de los *estrategas de la r*, que suelen tener una alta tasa de nacimiento pero también de mortalidad. Suelen ser especies oportunistas.

4. INTERACCIONES EN EL ECOSISTEMA

En un ecosistema toman juego una gran cantidad de factores, tanto bióticos como abióticos. Entre ellos se dan diferentes tipos de relaciones, las cuales se clasifican en dos grandes grupos: *intraespecíficas* e *interespecíficas*.

4.1. Relaciones intraespecíficas

Las relaciones intraespecíficas son las que se dan entre los individuos de una misma población y especie. Pueden ser de distintos tipos:

- **Competencia por los recursos**. Los individuos pueden competir por los recursos de manera directa o indirecta (unos se lo llevan primero). Cuando la competencia es directa, se producen interacciones entre los individuos, llegándose a crear comportamientos territorialistas o jerárquicos. La competencia por los recursos dentro de una población afecta negativamente s su supervivencia.

- **Asociaciones sexuales.** Son asociaciones positivas, pues este tipo de asociaciones ayudan a la procreación de la especie. En las relaciones de machos y hembras puede darse *monogamia* (asociaciones de un macho y una hembra) o *poligamia* (un macho y varias hembras, generalmente).

  También se pueden formar familias, que presentan una duración más larga en el tiempo; una familia puede ser *parental* (un macho y una hembra dominan sobre el resto de individuos), *matriarcal* (domina una hembra), *patriarcal* (existe un macho dominante) o *filial* (la rigen un grupo de hijos).

- **Asociaciones no sexuales.** Los individuos de una misma población se agrupan entre ellos, hecho que facilita ciertas actividades como la alimentación, el reparto del trabajo o la defensa. Así, tenemos *individuos gregarios*, que son individuos con o sin relación genética que se reúnen para la defensa o la alimentación. También pueden darse *jerarquías*, donde existe un organismo que domina sobre el resto, como es el caso de las abejas. Por otro lado, las *colonias* son agrupaciones de individuos que tienen un progenitor común como es el caso de los corales o algunos tipos de medusas.

4.2. Relaciones interespecíficas

Las relaciones interespecíficas hacen referencia a las relaciones que se dan entre individuos de diferentes especies, dentro de una misma comunidad. Según si la relación resulta beneficiosa (+), perjudicial (-) o neutra (0) para cada individuo, se pueden distinguir diversos tipos:

- **Neutralismo** (0,0): dos especies viven juntas y no se perjudican ni benefician una de otra; simplemente, no se molestan.

- **Amensalismo** (0,-): una especie se ve perjudicada por la presencia de otra, la cual no extrae ningún beneficio; se dice que B es amensal de A. Un ejemplo sería cuando un elefante rompe un termitero que encuentra en su camino.

- **Comensalismo** (0,+): una especie B se beneficia de otra A sin que esta se vea perjudicada; se dice que B es comensal de A. Como ejemplo están los carroñeros, que se alimentan de los restos que dejan otros depredadores.

- **Mutualismo** (+,+): las dos especies se ven beneficiadas de la relación. Esta relación también se llama **cooperación** o **simbiosis**. Existen muchos ejemplos como los líquenes (una asociación entre un alga y un hongo), las micorrizas de los árboles (hongo y árbol), etc.

- **Parasitismo y depredación** (-,+): una especie se ve beneficiada a costa de otra; se dice que B es parásito de A, o que A es presa de B, dependiendo de los casos. La distinción entre parasitismo y depredación radica en que el parásito es de tamaño mucho menor que su presa y, ambos, ocupan nichos ecológicos diferentes, mientras que en la depredación la presa y el parásito son de tamaños menos dispares y ocupan nichos parecidos. Ejemplo de depredador-presa tenemos el león y la gacela, el lince y el conejo, etc.

- **Competición** (-,-): ambos individuos se perjudican por su relación; se llaman competidores. Como ejemplos tenemos el león el guepardo por la comida, los buitres y caribúes por la carroña, etc.

5. CONCLUSIÓN

Durante el desarrollo de este tema hemos podido ver un poco más de cerca cómo funcionan los ecosistemas naturales, sus componentes y las relaciones que se dan entre ellos.

Hemos podido ver su gran complejidad, así como las relaciones que se dan en su seno. Éstas muchas veces pasan desapercibidas, pero no por ello dejan de tener importancia sino, al contrario, nos hacen ver que el medio que nos rodea es mucho más complejo de lo que nos puede aparentar a simple vista.

Así mismo, se hace necesario un estudio más exhaustivo del mismo, por tal de crear actitudes positivas que favorezcan su protección y conservación.

Bibliografía útil:

BARNES, S. y CURTIS, E. (2006) "Biología", 6ª edición. Ed. Panamericana.

DAJOZ, R. (2002) "Tratado de Ecología", 2ª edición. Ed. Mundi-prensa libros.

HICKMAN, C. y otros (2006) "Principios integrales de zoología", 13ª edición. Ed. McGraw-Hill.

IZCO SEVILLANO, J. (2004) "Botánica", Ed. McGraw-Hill.

MARGALEF, R. (1974) "Ecología", Ed omega.

STRASBURGER, E. y otros (2004) "Tratado de botánica", Ed. Omega.

TEMA 48

0. INTRODUCCIÓN

En este tema vamos a estudiar el ecosistema como unidad dinámica, que tiene una serie de estructuras que interaccionan entre ellas y que dan lugar a un funcionamiento característico y propio. Por otro lado, también vamos cuáles son los principales mecanismos de que disponen estos sistemas naturales para autorregularse.

Como bien sabemos, es muy complejo el mundo de la ecología, especialmente cuando intentamos descubrir el modo en que funcionan los ecosistemas, así como su evolución en el tiempo. A pesar de esta complejidad y de la gran cantidad de información que se posee al respecto, intentaremos exponer los datos más relevantes, excusando la falta de algunos aspectos que también podrían haber sido interesantes de tratar aquí.

El mejor estudio y comprensión del medio natural que nos rodea nos ayudará, por otro lado, a valorarlo más y mejor y, por otro lado, a generar actitudes positivas, de respeto y protección. Esto también permitirá, cuando convenga, realizar una explotación de este medio que sea sostenible.

Para la exposición de este tema seguiré el siguiente orden...

(es muy conveniente exponer con claridad, aquí al principio, el orden que se va a seguir, leer el índice de una forma ágil)

1

1. EL ECOSISTEMA EN ACCIÓN

Según términos tradicionales, el ecosistema se podría definir como *un sistema natural complejo y autosuficiente, constituido por organismos vivos (la biocinosis, formada por las diferentes especies) y componentes abióticos (el biotopo), que interactúan entre ellos.*

También cabe considerar el ecosistema en un marco no sólo *espacial*, sino también *temporal* y *trófico*. Considerándolo, pues, en estas dimensiones, podemos ver que en el ecosistema se dan una serie de *flujos de materia* (ciclos biogeoquímicos), *energía* (producción) y de *información* (sucesiones, ritmos, biodiversidad). Vemos aquí, pues, otra forma de considerar el ecosistema como entidad propia.

Un ecosistema, considerado puramente como un sistema, está compuesto por una serie de *elementos*, los cuales *se organizan* y entre los cuales se dan una serie de *relaciones*, y en los que existen una serie de *límites*. Vamos a ver, en los siguientes apartados, algunos de estos aspectos principales.

2. ESTRUCTURA DE LOS ECOSISTEMAS

Un ecosistema está formado por la suma de componentes más pequeños llamados comunidades que, a su vez, están formadas por la suma de poblaciones y éstas, finalmente, por los individuos de cada especie.

Los principales *componentes abióticos* que hemos de considerar en un ecosistema son:

- **Temperatura**. Determina el tipo de especies que pueden sobrevivir, que estarán adaptadas a diferentes rangos de temperatura.

- **Humedad**. Todos los seres vivos la necesitan en mayor o menor medida. En los ecosistema acuáticos no suele ser un problema, excepto en aquéllos que se exponen a circunstancias de desecación.

- **pH**. Es un factor importante, sobre todo en medios terrestres. Determina, entre otras cosas, la capacidad de intercambio de iones de un suelo, esencial para la supervivencia de las plantas.

- **Iluminación**. Este factor limita la producción primaria, tanto en sistemas terrestres como acuáticos. En los terrestres no suele ser un problema, excepto en algunos bosques ecuatoriales muy densos o en cuevas. No obstante, en sistemas acuáticos limita la producción a las primeras decenas de metros de profundidad, pues el agua absorbe gran parte de esta radiación. Así, por consiguiente, los grandes fondos oceánicos carecerán de productores primarios.

- **Nutrientes**. Determina la producción primaria. Éstos, a su vez, dependen de los ciclos biogeoquímicos, así como de la dinámica del medio, ya sea terrestre o acuático.

Si miramos ahora los componentes bióticos, desde un punto de vista *trófico* vemos que existen unos **productores**, que dependen de la luz y los nutrientes, unos **consumidores** que se alimentan de los productores, y unos **descomponedores** que retornan la materia a sus componentes básicos, de manera que pueda volver a ser utilizada por los productores. Entre ellos se da, como veremos más adelante, un *flujo de energía* y un *ciclo de la materia*. De aquí se desprenden, por otro lado, los ciclos *biogeoquímicos*, de los cuales dependen los sistemas naturales y en los cuales intervienen.

Estas relaciones que se dan entre los distintos niveles tróficos generan **cadenas tróficas**, que pueden hacerse muy complejas, con interacciones entre componentes de distintos niveles tróficos, y dar lugar a **redes tróficas**. Todo esto acaba dando al ecosistema una gran *estabilidad*.

La estructura trófica que presenta un ecosistema puede representarse en forma de pirámides que, según qué aspecto del ecosistema se destaque, pueden ser de diferentes tipos:

- **Pirámides de números**. Este tipo de pirámides representan el número de individuos que hay en cada nivel trófico (productores, consumidores y depredadores). Éstos van disminuyendo conforme subimos de nivel.

- **Pirámides de biomasa**. Representan la cantidad de biomasa por unidad de superficie que hay en cada nivel. Esta pirámide también decrece cuando subimos de nivel, pero también puede aumentar, cuando los productores tienen una elevada producción primaria, como es el caso del fitoplancton.

- **Pirámides de energía**. Estas pirámides representan la cantidad de energía que hay en cada nivel por unidad de superficie y tiempo. También puede expresar los flujos de energía que se dan entre los distintos niveles.

En cuanto a su estructura, se pueden distinguir dos grandes tipos de ecosistemas, los terrestres y los acuáticos:

- **Ecosistemas terrestres**. Son ecosistemas que se estratifican verticalmente según la luz. El agua y los nutrientes se han de subir hasta las zonas donde se encuentra la luz, y para ello existen estructuras especiales en los productores. La estacionalidad se nota mucho en estos ecosistemas y depende mucho de la latitud.

- **Ecosistemas acuáticos**. La luz es un factor limitante bastante importante, de tal manera que los productores se concentran en las zonas superficiales. Los nutrientes, por el contrario tienden a concentrarse en las zonas inferiores, por lo que la producción dependerá de la subida de estos nutrientes por las corrientes.

Para acabar, es importante hablar del concepto de diversidad en este apartado. La diversidad, o biodiversidad es, en cierta manera, una medida de organización de los ecosistemas. A mayor diversidad, más estructurado estará un ecosistema y, por consiguiente, más robusto será ante las posibles perturbaciones.

3. EL FUNCIONAMIENTO DE LOS ECOSISTEMAS

Los ecosistemas los hemos de considerar como sistema abiertos, en los cuales entra y sale energía. Ahora bien, sus funciones básicas permanecen constantes.

3.1. Materia y energía

La materia y la energía son dos aspectos fundamentales en el funcionamiento de los ecosistemas.

En un ecosistema, como conjunto, se da un flujo de energía unidireccional entre los distintos niveles tróficos, mientras que respecto a la materia, ésta circula de manera circular, o sea, se recicla.

Según la forma en que cada nivel obtiene la energía y la materia se distinguen:

- **Productores**. Son organismos autótrofos que utilizan energía inorgánica. Son los que introducen la energía en el sistema y crean la materia básica. Pueden ser fotosintéticos o quimiosintéticos.

-   **Consumidores**. Utilizan la energía que han incorporado los productores y dependen, por tanto de ellos; son heterótrofos. Según el nivel trófico del que se alimenten pueden ser:

    -   <u>Primarios</u>: son los **herbívoros** y se alimentan directamente de los productores.

    -   <u>Secundarios</u>: son carnívoros, llamados de segundo orden, y se alimentan de los consumidores primarios, o sea, de los herbívoros.

    -   <u>Terciarios</u>: son carnívoros de tercer orden, que se alimentan de los anteriores. También se suelen llamar *superpredadores*.

    -   <u>Otros</u>: también existen otro tipo de consumidores, como son los **omnívoros**, que se alimentan de tanto de carnívoros como de herbívoros.

-   **Descomponedores**. Se trata de organismos que se alimentan de los restos orgánicos de todos los niveles anteriores, e incorporan de nuevo los nutrientes al medio inorgánico donde podrán volver a ser utilizados por los productores; así cierran el ciclo de la materia. En algunos casos también se habla de la **cadena trófica de los descomponedores**, que puede tener, de nuevo, distintos niveles tróficos, con consumidores primarios, secundarios...

En realidad, las relaciones que se dan entre los distintos niveles tróficos no son tan directas y unidireccionales como las hemos descrito, sino que en realidad se da una compleja red de interacciones tróficas en las que la materia y energía pueden seguir distintos recorridos. Por otro lado, estas interacciones pueden generar pirámides ecológicas complejas, como hemos visto anteriormente.

El flujo de energía, como hemos dicho, es unidireccional. La energía proviene principalmente del Sol (a excepción de una pequeña parte que puede ser quiosintética). No obstante, solamente alrededor del 1% de esta energía se utiliza en la fotosíntesis. Por otro lado, en cada paso a un nivel superior se pierde una gran cantidad de energía, de tal manera que la eficacia queda reducida aproximadamente al 10%. De aquí se deduce que llega poco alimento al final de la cadena trófica y hace falta, por consiguiente, tener una gran cantidad de productores (o que estos produzcan mucho) para poder mantener unos pocos superpredadores.

Por otro lado, cuando hablamos de producción, hemos de distinguir diversos factores:

- **Producción primaria bruta (P_B)**. Es la producción total que se genera en el nivel trófico de los productores. Se mide en cantidad de biomasa producida por unidad de tiempo y espacio.

- **Producción primaria neta (P_N)**. Es la producción bruta menos lo que se ha gastado en respiración (R).

$$P_N = P_B - R$$

- **Producción secundaria**. Es una medida poco utilizada, pero que refleja la cantidad de materia orgánica que se ha producido en niveles tróficos de los consumidores. De alguna manera, está incluida dentro de la producción primaria.

- **Productividad**. Es un valor que refleja la producción primaria que se ha generado por unidad de biomasa (B).

$$Productividad = P_N / B$$

3.2. Los ciclos biogeoquímicos

Vamos a ver a continuación, brevemente, cómo funcionan algunos de los ciclos biogeoquímicos más importantes.

En términos generales, los elementos químicos que forman parte de la materia orgánica no se pierden, sino que se reciclan. Cada uno de los elementos principales de la materia orgánica –carbono, nitrógeno, fósforo, azufre y oxígeno- tienen ciclos propios, que pasan por diferentes compartimentos y formas químicas características. La energía que mueve estos ciclos es la energía solar y la gravedad, básicamente. En cada uno de ellos vamos a ver los principales compartimentos y los flujos más importantes que se dan entre ellos.

- **Ciclo del carbono**. Los compartimentos donde se encuentran las mayores cantidades de carbono son la hidrosfera y los combustibles fósiles. También se encuentra, aunque en menor medida, en la atmósfera, en los seres vivos y en el detritus (materia orgánica muerta). El carbono tiene una fase gaseosa (CO_2). Los principales movimientos entre compartimentos se producen entre la atmósfera, hidrosfera, seres vivos y detritos, mientras que el carbono que entra a formar parte de los combustibles fósiles permanece largo tiempo allí.

6

- **Ciclo del nitrógeno**. El principal compartimento donde se acumula el nitrógeno es la atmósfera, en forma de N_2 gaseoso, suponiendo el 78% de los gases atmosféricos. Otros compartimentos son los seres vivos, formando compuestos orgánicos, y el suelo, en forma de sales minerales. La forma molecular gaseosa es muy estable y las plantas no la pueden utilizar directamente. Así que ha de pasar por un proceso de nitrificación para transformarse primero en sales solubles.

- **Ciclo del fósforo**. La principal reserva de este compuesto se encuentra en el suelo, y una pequeña parte en los organismos vivos. El movimiento entre estos compartimentos es lento. Además, al ser un elemento que no dispone de fase gaseosa, tiene poca movilidad, lo que le hace ser un nutriente limitante en el ecosistema.

- **Ciclo del azufre**. El azufre es un compuesto que tiene tanto fase gaseosa como sólida; la fase gaseosa, no obstante, no es abundante. La mayor parte de los compuestos de azufre se encuentran en el suelo, en forma de sales de sulfuro o azufre elemental. De aquí pasan a los seres vivos en forma de sulfatos. En la atmósfera puede ser localmente abundante formando ácido sulfúrico y sulfuros, que provienen de volcanes, ciénagas, llanuras mareales, etc.

- **Ciclo del oxígeno**. El oxígeno es un compuesto esencial en la materia viva. Su principal fase inorgánica es el oxígeno molecular (O_2) que se encuentra en forma gaseosa en la atmósfera, donde supone el 21% de los gases. También lo encontramos, aunque en menor cantidad, en forma de CO_2. Este gas pasa a formar parte de la materia vida a través de la fotosíntesis, de donde se libera en forma de O_2. Posteriormente, este oxígeno es utilizado por los organismos heterótrofos en la respiración, de donde vuelve a la atmósfera en forma de CO_2. También existen una buena parte de oxígeno formado parte de la materia inorgánica, pero no tiene prácticamente importancia en la dinámica de los ecosistemas.

- **Ciclo hidrológico**. Finalmente, podemos hacer referencia, brevemente, al ciclo del agua. Básicamente, el agua se evapora de las masas de agua y de los seres vivos por acción de la energía solar, pasa a la atmósfera; de aquí, se condensa y cae en forma de lluvia o nieve. Discurre por ríos y aguas subterráneas, parte se incorpora en los seres vivos y, finalmente, vuelve al mar.

4. LA AUTORREGULACIÓN DE LOS ECOSISTEMAS

El ecosistema es una estructura dinámica, que tiene un funcionamiento propio. Esta estructura es, además, abierta, es decir, se relaciona con el medio que le rodea (intercambia energía, materia, información...) y evoluciona en el tiempo.

Como consecuencia de esta dinámica, el ecosistema experimenta cambios, que pueden ser *aleatorios* o *determinados*. Estos últimos pueden ser, a su vez, *cíclicos* o *irreversibles*, como las sucesiones.

Aunque se produzcan estos cambios, en un ecosistema maduro existe, no obstante, una *autorregulación*, como veremos más adelante, y una *estabilidad*, lo que se conoce como **homeostasis**.

4.1. Estabilidad

Cuando se habla de estabilidad en términos de ecosistemas, se hace referencia a la capacidad de éstos de compensar las alteraciones que se producen dentro de ellos. Es pues, un concepto dinámico que se pude desglosar en varios aspectos:

- **Resiliencia**. Es la capacidad de un sistema de volver a su estado original tras una perturbación que lo ha alterado.

- **Resistencia**. Es la capacidad de evitar una alteración del estado original.

- **Elasticidad**. Es la velocidad de retorno al punto de equilibrio.

- **Amplitud**. Es la distancia desde la cual el sistema es capaz de regresar al punto de partida.

A raíz de estos aspectos, podemos hablar de ecosistemas **frágiles**, si solamente pueden hacer frentes a perturbaciones pequeñas, o **robustos** si, al contrario, resisten bien ante las perturbaciones. Estos últimos necesitaran pocos cuidados e intervención humana ante las alteraciones que se puedan producir en ellas.

Ahora bien, si los factores que determinan los cambios persisten, el ecosistema se *adaptará* a la nueva situación de manera permanente, alterando su estructura interna, relaciones, especies, números, información...

4.2. Autorregulación

Cuando hablamos de autorregulación de un ecosistema, hemos de pensar en los mecanismos que éste dispone para recuperar el equilibrio inicial. Para ello, y como hemos visto antes, se pueden dar cambios en las estructuras, en el número de especies y en las relaciones que se dan entre ellas.

Todo ello es posible porque los sistemas naturales son entidades dinámicas, formadas por una serie de compartimentos que interaccionan entre sí y que son capaces de modificar sus relaciones en función de las características de cada momento, bien impuestas desde fuera del sistema, bien internas de los propios componentes del ecosistema (falta de recursos, depredadores, sequía...).

Un caso concreto sería la regulación que se produce entre depredadores y presas. Así, si aumenta el número de presas de una zona, el número de depredadores también aumentará; y lo hará hasta que den de sí las presas que hay para alimentarlos. No obstante, cuantos más depredadores haya, mayor número de presas se consumirán y, por consiguiente, con el tiempo se reducirá el número de éstas. Así, si disminuye el número de presas, con el tiempo el de depredadores también disminuirá y, posteriormente, el de presas volverá a aumentar. Y así sucesivamente, hasta que se llegue a un equilibrio en el que, para unas condiciones del ecosistema dadas (humedad, temperatura, suelo...), el equilibrio se conseguirá con P presas y D depredadores.

4.3. Sucesiones y ciclos

Los cambios que se producen en un ecosistema pueden ser cíclicos o direccionales. Así, podemos hablar de:

- **Sucesiones**. Una sucesión es un cambio direccional que experimenta un ecosistema a lo largo del tiempo. Este cambio es gradual, y se manifiesta tanto en la composición como en el número de especies. En cierta manera, esta sucesión es el resultado de la competencia que se dan entre las diferentes especies, que poseen diferentes adaptaciones al mismo medio. Por otro lado, los medios en el medio abiótico del ecosistema facilita la entrada de nuevas especies, lo que alteraría las relaciones entre las ya existentes. Las sucesiones pueden ser de varios tipos:

- Sucesión primaria: se trata del desarrollo de una comunidad en un suelo virgen, generalmente alterado por una alteración fuerte (origen volcánico, morrenas de un glaciar...). En primer lugar se incorporan especies pioneras, que facilitarán la entrada, posteriormente, de otras especies más especializadas.

- Sucesión secundaria: se produce en un lugar donde la vegetación ha sido destruida, pero el suelo no (mantiene su estructura). Este es el caso, por ejemplo, de la regeneración tras la tala de un bosque, el abandono de campos agrícolas o después de un incendio. La vegetación vuelve a brotar en pocas semanas.

- Sucesión regresiva: este concepto se utiliza cuando las comunidades evolucionan hacia etapas menos maduras, alejándose de su etapa de máxima estabilidad. Frecuentemente, se produce por la acción humana.

En una sucesión se produce un cambio progresivo de unas especies por otras más estables y maduras, hasta alcanzar un grado estable llamado **clímax**.

En términos generales, en una sucesión se observa:

- un aumento de la biomasa (B),

- un aumento de la producción primaria (PP),

- un descenso en la relación PP/B,

- un aumento en la estructuración de las comunidades y, por consiguiente, un aumento en la biodiversidad del ecosistema,

- aumento de los mecanismos de homeostasis del ecosistema,

- **Cambios cíclicos**. Se trata de cambios cíclicos que se producen con cierta regularidad dentro del ecosistema. Los **ritmos** son producidos por estímulos, externos o internos, que acaban generando un proceso determinista, de carácter diario, anual... Las **fluctuaciones** son cambios producidos por procesos aleatorios, como puede ser un incendio, una riada, etc. Tras una fluctuación, el ecosistema vuelva a su estadio originario.

5. CONCLUSIÓN

A lo largo de este tema hemos podido ver cómo se estructuran los ecosistemas, así como algunos aspectos más relevantes de su funcionamiento y regulación.

Es vital conocer bien los ecosistemas que nos rodean para poder hacernos una idea más real de cómo se lleva a cabo su funcionamiento y como es, en general su dinámica, que los hace ser entidades con autonomía propias.

Conociendo su dinámica y fragilidad, podemos limitar su explotación, de manera que se realice de manera sostenible. Por otro lado, cuando mejor lo conozcamos, más peso tendrán las razones que queramos dar para generar actitudes positivas ante él y protegerlo.

Bibliografía útil:

BARNES, S. y CURTIS, E. (2006) "Biología", 6ª edición. Ed. Panamericana.

DAJOZ, R. (2002) "Tratado de Ecología", 2ª edición. Ed. Mundi-prensa libros.

HICKMAN, C. y otros (2006) "Principios integrales de zoología", 13ª edición. Ed. McGraw-Hill.

IZCO SEVILLANO, J. (2004) "Botánica", Ed. McGraw-Hill.

MARGALEF, R. (1974) "Ecología", Ed omega.

STRASBURGER, E. y otros (2004) "Tratado de botánica", Ed. Omega.

TEMA 49

0. INTRODUCCIÓN

En este tema vamos a centrarnos en el estudio del paisaje, en sus principales componentes y cuáles son los principales factores que hay que tener en cuenta para interpretarlo. También veremos qué se entiende del paisaje como recurso, así como los principales impactos que se ciernen sobre él. Finalmente, haremos referencia a los espacios protegidos, tomando como ejemplo los niveles de protección de nuestro país.

Aquí podríamos extendernos en gran medida y pueden ser, además, muchos los puntos de vista para interpretar el paisaje. Vamos a intentar hacer un resumen de los aspectos más importantes, además de que sea lo más objetivo posible.

Todo el conocimiento que día a día se obtiene sobre cómo se ha de entender el paisaje, se puede incluir dentro de la búsqueda del ser humano por comprender mejor cuáles son los principales elemento y cómo funciona el medio natural. El paisaje, como resultado de las interacciones de estos elementos, nos ayuda a valorar el ecosistema natural desde un punto de vista más global que la simple suma de sus elementos.

Para la exposición de este tema seguiré el siguiente orden... (es muy conveniente exponer con claridad, aquí al principio, el orden que se va a seguir, leer el índice de una forma ágil)

1

1. EL CONCEPTO DE PAISAJE

El paisaje se podría definir como el *conjunto de elemento abióticos (relieve, agua, atmósfera...), bióticos (vegetación, fauna...) y socioeconómicos dotados del nivel más alto de integración, en un espacio definido y en un tiempo determinado* (Bolós, 1992).

Así, hemos de tener una visión del paisaje no lo cualitativa, como al principio se entendía, sino que integra también una organización y unas interrelaciones entre los componentes que lo integran.

Por otro lado, también es importante tener en cuenta la *cuenca visual* desde la que se mira un paisaje, es decir, que la interpretación de éste y las sensaciones que nos provoquen dependerán del lugar de donde lo miremos.

2. COMPONENTES DEL PAISAJE E INTERPRETACIÓN

2.1. Componentes del paisaje

Los componentes del paisaje son el conjunto de elementos naturales, bióticos y abióticos, más los elementos artificiales. Todos ellos se pueden agrupar en cuatro grandes grupos *según la percepción* que se tenga de ellos:

- **Superficie terrestre**. Es el relieve, la forma, la disposición que ésta adopta. Sobre ella se asientan el resto de elementos.

- **Agua**. El agua puede estar en movimiento o estática, y formar parte de lagos, mares, hielo... En general, aumenta la capacidad de contraste en el paisaje.

- **Vegetación**. Es lo que más se ve, y es muy importante cómo se distribuye en el terreno, cómo se agrupa, la densidad que tiene, la composición de especies...

- **Elementos artificiales**. Aunque no son naturales, tienen una gran importancia en la conformación del paisaje, sobre todo en lugares muy alterados por el hombre. También es cierto que, en muchas ocasiones, las actividades humanas se integran en el paisaje y forman una parte característica de éste. Aquí destacamos los cultivos, repoblaciones, construcciones... En general, generan un mayor contraste en el paisaje.

No obstante, y aunque se puedan diferenciar distintos elementos dentro del paisaje, se ha de tener una *concepción holística* de éste, en la cual todos los elementos forman parte de un todo más grande en el que pueden existir elementos dominantes, así como combinaciones diversas entre ellos. Además, en muchas ocasiones, estas combinaciones pueden ser más importantes y tener un mayor valor, incluso, que los diferentes elementos por separado. Más aún, estas combinaciones que se dan entre los elementos son, en definitiva, las que generan el paisaje.

Por otro lado, la fauna de una zona suele ser poco importante en la conformación del paisaje como tal. Por un lado, por ser un elemento no estático, que puede variar su ubicación en el tiempo; por otro, porque es un elemento que tiende a pasar desapercibido y a camuflarse. A pesar de ello, también es cierto que los animales pueden en algunas ocasiones dar más fuerza al paisaje.

También existen factores que pueden alterar la fuerza que los diferentes elementos tengan en el paisaje, como puede ser:

- **La intervisibilidad**. Este aspecto se refiere a la visión reciproca de las diferentes unidades de paisaje. Se estudia a partir de la cuenca visual de los diferentes puntos, lo que permite estimar lo que resalta de cada elemento desde cada punto de vista.

- **La accesibilidad**. Se refiere a la facilidad de acceso, que depende de aspectos como la densidad de la red viaria o la cercanía de poblaciones. Este aspecto, de origen antrópico, modifica la visibilidad del paisaje.

2.2. Interpretación del paisaje

La interpretación de un paisaje es extrínseca a éste, pues depende del observador.

La *percepción* es muy subjetiva, pues depende de las capacidades sensoriales del observador (lores, imágenes y sonidos). El que observa recibe información de procesos y objetos que están a su alrededor. Así, la percepción vendrá impuesta por aspectos del propio paisaje, la visibilidad, las experiencias previas del observador y sus valores, etc. Todo ello llevará a hacer una interpretación del mismo. Se puede deducir, pues, que existirán diferentes percepciones para los diferentes observadores.

Respecto a la visibilidad, ésta vendrá condicionada por aspectos como:

- la curvatura de la Tierra y la refracción de la luz, que puede sufrir variaciones diarias y estacionales,

- la distancia a la que se encuentra el paisaje que se quiere observar,

- las condiciones atmosféricas de cada momento; así, la percepción será diferente si hay niebla, si el cielo está nublado, si llueve o nieva.

Respecto al *análisis del paisaje*, hemos de destacar tres aspectos a tener en cuenta:

- **La cuenca visual**. Es la zona desde la que son visibles un conjunto de puntos; los límites pueden ser, por ejemplo las divisorias de aguas de una cuenca fluvial.

- **La calidad visual del paisaje**. Para interpretar un paisaje se han de valorar los rasgos estéticos del paisaje, cosa que es muy subjetiva. La calidad visual puede ser intrínseca del propio paisaje más cercano, del entorno inmediato, del fondo...

- **La fragilidad visual del paisaje**. Hace referencia al grado de deterioro que puede llegar a sufrir un paisaje ante la incidencia de determinadas actuaciones.

3. EL PAISAJE COMO RECURSO ESTÉTICO

El paisaje es un recurso que a lo largo de la historia ha influido sobre las conductas y costumbre humanas. Así, por ejemplo, ha quedado reflejado en numerosos escritos, no solamente de estudiosos de la naturaleza, sino también en las grandes obras literarias, así como plasmado en otras muchas obras arquitectónicas.

También es cierto que la percepción del paisaje y su uso como recurso ha cambiado con el paso de los siglos. En los últimos año, el paisaje natural ha tomado el papel de lugar de descanso, de paz y tranquilidad, lo que le ha dada una nueva valoración en el entorno social actual. Así, se trata como un elemento más a tener en cuenta en la planificación y ordenación del territorio, en arquitectura, en jardinería, etc...

Por otro lado, también es importante como recurso económico. Tras las nuevas necesidades de las sociedades modernas, ha surgido el llamado turismo verde, que utiliza el paisaje natural, o poco alterado por el hombre, como lugar de descanso.

Cuando queremos valorar la estética del paisaje, hemos de tener en cuenta una serie de elementos y parámetros, que son:

-   **La forma**. Aquí se valora la geometría de los objetos que componen el paisaje. Muchos de ellos vienen determinados por la constitución propia del paisaje, como puede ser la geomorfología, la vegetación o el agua. Según el grado de contraste que se produzca entre ellos, podrán llamar más o menos la atención del observador.

-   **La línea**. Es el límite real o imaginario entre los diferentes elementos que se observan, que puede estar determinado por factores como el color o la textura de cada uno de ellos. Estas líneas las pueden marcar elementos como el horizonte, un río o un cortafuegos.

-   **El color**. En el paisaje se distinguen diferentes colores que dependerán de la tinción propia de cada elemento, pero también del tono, el brillo o el contraste del momento.

-   **La textura**. La textura está formada por la suma de colores y formas de los elementos, que se perciben como irregularidades en una superficie.

-   **La escala**. Esto es, la relación que existe entre el tamaño de un objeto y su entorno. No obstante, la relación entre diferentes elementos dependerá, en parte, del punto desde donde observemos el paisaje.

-   **El espacio**. Es el conjunto de características del paisaje originadas por su organización, es decir, la posición que ocupen los objetos, el fondo, etc. El espacio da unidad y fuerza al paisaje y rompe, por otra parte, la monotonía del paisaje, creando variedad.

4. PAISAJES ESPAÑOLES CARACTERÍSTICOS

España dispone de gran variedad de sistemas climáticos y geomorfológicos, que han dado lugar a una serie de paisajes característicos.

En primer lugar, para clasificar los paisajes, se pueden tener en cuenta varios parámetros como pueden ser:

- las *características del geosistema*, es decir, el dominio de los diferentes elementos (bióticos, abióticos y antrópicos) y las relaciones que se dan entre ellos.

- el *espacio*, su tamaño y disposición.

- la *cronología*, es decir, el cómo ha sido es paisaje en diferentes épocas.

- la *funcionalidad*, el uso (rural, urbano...).

En muchas ocasiones, se recurre finalmente al elemento vegetal para clasificar los distintos paisajes, pues es lo más perceptible y lo que más influenciado queda por las distintas características climáticas.

La situación concreta de España en cuanto a la distribución global de paisajes es particular. España es un país que se encuentra en el hemisferio norte, en el llamado *reino holártico*, según la vegetación que posee, entre Eurasia y África. Tiene un clima con características atlánticas y mediterráneas, que generan, en conjunto, una gran variedad de paisajes. En términos generales, se pueden diferenciar tres grandes regiones biogeográficas, que corresponden a tres grandes tipo de vegetación climácica. Vamos a verlos, brevemente, a continuación.

4.1. Región mediterránea

Es la región más extensa de todas. El clima es mediterráneo, con un típico periodo seco en verano. Los suelos están poco desarrollados y el relieve es accidentado, con poca vegetación.

Los bosques son esclerófilos, con encinares como formaciones más características. La especie más representativa es la encina, que resisten bien la sequía. Los encinares pueden adoptar diferentes morfologías según las características del terreno, el clima, las especies circundantes o el grado de alteración que ha sufrido. También abundan las pinedas y las especies aromáticas.

En algunas regiones con unas características particulares, podemos encontrar especies como los *alcornoques*, que necesitan un suelo silíceo y un clima algo más suave. También podemos ver formaciones particulares como la *dehesa*, que se forma por la degradación de encinares; es típica de regiones como Extremadura y el norte de Sevilla.

Si las condiciones del verano no son tan estrictas, aparecen nuevas agrupaciones como los acerales, quijales o melojares. La presencia de árboles caducifolios da al paisaje una estacionalidad a lo largo del año. Esto se puede ver en ciertas sierras de Andalucía y en la transición con la zona eurosiberiana.

Por el contrario, en regiones con alta aridez, se sustituye la encina por una vegetación de tipo arbustiva, como es el caso de los Monegros (Aragón) y el sudeste andaluz, que dan paso, poco a poco, a las regiones subdesérticas. Estas regiones, por su parte, son más propensas a sufrir la aridez provocada naturalmente o por la acción antrópica.

Otro paisaje también muy característico se encuentra en la zona castellano-maestrazgo-manchega, donde abundan los *páramos*. Éstos se caracterizan por un relieve poco abrupto, con alta continentalidad y con especies raras como la sabina albar (*Juniperus thurifera*).

Más hacia la alta montaña mediterránea, se encuentran gran cantidad de espacios protegidos, con pinos de alta montaña, pinsapos y otras especies raras.

4.2. Región eurosiberiana

La región eurosiberiana comprende la franja septentrional (norte y noroeste) de la Península. Presenta gran cantidad de precipitaciones a lo largo del año y temperaturas moderadas. Los suelos son profundos y están muy desarrollados, y soportan una vegetación muy abundante, donde dominan las especies caducifolias.

La acción humana sobre estas zonas es, a diferencia de las anteriores, más escasa, y las alteraciones producidas por esta acción son menores. Son, en general, ecosistemas más equilibrados, con gran capacidad de autorrecuperación.

En las regiones costeras es importante la influencia del mar, haciéndose el clima más húmedo durante todo el año. La temperatura también es más constante. En estas zonas abundan árboles caducifolios como el roble o el haya. Por otro lado, la agricultura y ganadería de estas zonas se mantienen bastante tradicionales, lo que ayuda a la conservación del ecosistema y a explotarlo de una manera sostenible.

En las zonas altas de esta región, el clima se modifica, produciéndose un descenso en las temperaturas. Los suelos están poco evolucionados, con vegetación poco densa e inestables, en general. Con poca acción antrópica. El modelado glaciar de estas zonas, no obstante, es importante, así como la presencia de agua, que lleva a cabo un modelado actual característico. Entre otras formaciones encontramos los Pirineos y los Picos de Europa.

4.3. Región macaronésica

Esta región es típica de las Islas Canarias. Por su posición más ecuatorial, estas islas reciben una influencia del clima tropical, con gran cantidad de humedad y selvas tropicales; al mismo tiempo, tienen influencias de las zonas secas de los alrededores, lo que también da lugar a regiones secas, con desiertos y paisajes dunares.

El origen volcánico de estas islas también genera un modelado del paisaje característico, con volcanes, coladas de lava y sedimentos de tipo volcánico. Este tipo de sustrato es rico en nutrientes, lo que da pie a generar una vegetación muy abundante y característica. Destacamos aquí la laurisilva, que se encuentra en zonas de alta humedad, y los pinares, en las zonas más secas. Esto también da pie a la presencia de valles muy fértiles donde abunda una agricultura muy ferviente.

4.4. Otros paisajes característicos

Hasta ahora hemos estado hablando de la vegetación climácica, que ocupa la mayor parte de las zonas verdes y que da lugar a los paisajes más característicos de nuestro país. No obstante, existen otras formaciones que ocupan zonas menos extensas, pero que localmente pueden ser bastante abundantes y, sobre todo, zonas que dan un toque de diversidad en el conjunto de paisaje, a modo de elemento representativo.

Estas zonas suelen estar relacionadas con alguna característica del relieve, generalmente, la presencia de agua o alguna particularidad geológica. Algunos de éstos son:

- deltas, humedales, rías y lagunas costeras

- boques de ribera

- ambientes costeros, que pueden tener diferente morfología según la geología de origen

- paisajes kársticos

- islotes

- lagos, lagunas y embalses

- áreas de montaña

5. IMPACTOS SOBRE EL PAISAJE

El hombre, con su actividad, utiliza los recursos que el medio natural le ofrece. No obstante, cuando excede el poder de regeneración del propio ecosistema, se produce un impacto.

Del estudio de los elementos del entorno natural, se pone de manifiesto la fragilidad del paisaje, de manera que cualquier alteración que se produzca en los componentes del paisaje alterará también su funcionamiento.

En términos generales, la *perturbación* de un paisaje podría entenderse como una evolución de éste hacia otras formas más estables. Estas perturbaciones pueden ser *naturales*, que suelen ser lentas, o *antrópicas*, más rápidas. También cabe decir que las perturbaciones antrópicas suelen ser procesos naturales acelerados, retenidos o, simplemente, alterados.

Por otro lado, tenemos el concepto de impacto ambiental. Éste podría definirse como la alteración de un elemento de medio provocado por una actividad humana, y sea directa o indirectamente. No solamente se han de incluir en esta definición los impactos físicos, sino también los *impactos visuales*. Vamos a hacer, rápidamente, un repaso de los impactos sobre el paisaje más importantes:

- **Agricultura y ganadería.** La ordenación del territorio en el siglo XX modifica el paisaje profundamente. Se construyen vías e infraestructuras, el pastoreo excesivo altera los estratos vegetales, se producen cambios en los cursos de agua (canales, presas, azudes) que muchas veces van asociados a la eutrofización del terreno, etc. Por otro lado, los cultivos eliminan los ecosistemas naturales, los erosionan y desencadenan así un proceso que llevará a la desertización de las zonas más frágiles. Las repoblaciones, pese a ser un impacto positivo, también alteran la percepción del paisaje original.

- **Urbanismo**. Esta actividad lo que produce es una artificialización del paisaje. En muchas ocasiones, va asociado a una economía creciente. Así se altera el paisaje de las costas, el paisaje urbano y el rural. El "boom de las segundas residencias" multiplicó el número de construcciones en el campo, lo que ocasionó el deterioro de zonas que habían estado intactas hasta el momento. El turismo, por su parte, también ha contribuido a la alteración del paisaje, no sólo por las construcciones que implica, sino también por las infraestructuras que lleva asociadas y los residuos que genera.

- **Obras públicas**. En las últimas décadas ha aumentado la movilidad de las personas, así como el transporte de mercancías y, en general, las comunicaciones. Este hecho ha generado la construcción de nuevas vías de comunicación o la mejora de las ya existentes, con la generación de un mayor impacto ambiental. Además, al principio, todas estas obras se adaptaban al paisaje pero, con aumento del poder económico, las infraestructuras salvan obstáculos de manera cada vez más espectacular, con la generación de un mayor impacto, si no al menos visual.

- **Industria**. Las actividades extractivas, como la minería o las canteras, generan un impacto grande debido al gran movimiento de materiales que llevan a cabo, así como de los procesos erosivos que suelen llevar asociados. También pueden provocar contaminación por acumulación de residuos, o la contaminación de las zonas donde se esté llevando a cabo la actividad. En muchas ocasiones, esta actividad industrial es frecuente encontrarla en cinturones periurbanos, ya que tienen cerca las grandes masas de población a las que sirven. Por otro lado, está el problema de los vertidos incontrolados, que generan focos de contaminación y, sobre todo, un impacto visual importante.

6. ESPACIOS PROTEGIDOS

Ante el avance del ser humano sobre las poblaciones naturales, se hace necesaria la protección de ciertas áreas que eviten la alteración o pérdida total de, al menos, algunos de los ecosistemas más representativos.

Un espacio protegido se considera una zona limitada del territorio, de interés natural, económico o social, que está amparada por un soporte legislativo que regula, entre otras cosas, la caza, las visitas, el tipo y el grado de explotación que se puede ejercer sobre éste, etc.

En España, el grado máximo de protección lo otorga la categoría de parque nacional. Un **parque nacional** es un espacio natural de alto valor natural y cultural, poco alterado por la actividad humana que, en razón de sus excepcionales valores naturales, de su carácter representativo, la singularidad de su flora, de su fauna o de sus formaciones geomorfológicas, merece su conservación una atención preferente y se declara de interés general de la Nación por ser representativo del patrimonio natural español.

Para que un territorio sea declarado parque nacional debe ser representativo de su sistema natural, tener una superficie amplia y suficiente para permitir la evolución natural y los procesos ecológicos, predominar ampliamente las condiciones de naturalidad, presentar escasa intervención sobre sus valores naturales, continuidad territorial, no tener genéricamente núcleos habitados en su interior, y estar rodeado por un territorio susceptible de ser declarado como zona periférica de protección. Así, para que un espacio pueda ser declarado parque nacional, deberá reunir las siguientes características:

- **Representación**. Debe representar al sistema natural al que pertenece.

- **Extensión**. Ha de tener una superficie adecuada como para permitir su evolución natural, de modo que mantengan sus características y se asegure el funcionamiento de los procesos ecológicos en el presente.

- **Estado de conservación**. Deben predominar ampliamente las condiciones de naturalidad y funcionalidad ecológica. La intervención humana sobre sus valores debe ser escasa.

- **Continuidad territorial**. Salvo excepciones debidamente justificadas, el territorio debe ser continuo, sin enclavados, y no deben existir elementos de fragmentación que rompan la armonía de los ecosistemas.

- **Asentamientos humanos**. No ha de incluir núcleos urbanos habitados en su interior, salvo casos excepcionales debidamente justificados.
- **Protección exterior**. Ha de estar rodeado por un territorio susceptible de ser declarado como zona periférica de protección.

En España, los primeros parques nacionales que se constituyeron fueron el P.N. de Covadonga y el P.N. de Ordesa, en 1918. Hacia los años 70s, se vio que las "islas naturales" no eran totalmente eficaces, por lo que hacía falta crear corredores biológicos para aumentar la interacción entre los ecosistemas y favorecer así su mejor homeostasis.

También hay que tener en cuenta que preservar un ecosistema de toda actividad humana no siempre es la mejor opción, pues ciertos espacios mantienen su equilibrio debido a la acción humana suave pero continua. De aquí se desprende que conservar un espacio no siempre es dejarlo como está, ni como estaba hace 10 años, ni como era originariamente (¿cuándo?), sino que será necesario realizar una investigación previa para tratar de averiguar cómo está el ecosistema, cómo estaba en el pasado y cómo se quiere que se mantenga.

A nivel mundial, el programa MAB (Man and Biosphere) creado por la UNESCO en 1970, propone crear propone crear reservas de la biosfera para:

1) preservar la biodiversidad

2) crear modelos por los cuales se rija la conservación de espacios naturales

3) incluir zonas de recuperación, centros de interpretación y educación medioambiental.

Por debajo del nivel de protección de parque nacional, existen otros grados de menor conservación que persiguen otros objetivos. Algunos de ellos son:

- **Parque natural**. Es un área de protección de menor rango que la de parque nacional y se encuentra, en muchas ocasiones, rodeándolos. En ellos se permiten algún tipo de actividad humana y la presencia de ciertos núcleos urbanos, por ejemplo.

- **Paraje natural**. Se trata de espacios reducidos (formación geológica, yacimiento paleontológico...), que su rareza, belleza, singularidad... les hace gozar de una protección especial.

- **Paisajes protegidos**. Son aquéllos lugares del medio natural que por sus valores estéticos y culturales merecen una protección especial.

- **Reservas especiales**. son superficies pequeñas (100 a 200 ha) que preservan ciertos elementos de interés general, ya sea científico o estético.

- **Reservas naturales**. Son espacios que protegen ecosistemas por su rareza, fragilidad, importancia o singularidad. La explotación de recursos está limitada en estas zonas, y no se puede recolectar el material sin permiso.

- **Parque periurbanos**. Se trata de zonas verdes situadas en las periferias de una ciudad; suelen estar constituidos y amoldados a las exigencias de las personas que viven cerca.

- **Reservas naturales concertadas**. Son reservas privadas que reciben subvenciones para ser protegidas.

Finalmente, nombraremos los 14 parques nacionales que existen en la actualidad en España:

- P.N. de la Montaña de Covadonga.

- P.N. de Ordesa y Monte Perdido.

- P.N. de la Caldera de Taburiente.

- P.N. de las Cañadas del Teide.

- P.N. de Timanfaya.

- P.N. de Garajonay.

- P.N. del Archipiélago de Cabrera.

- P.N. de las Tablas de Daimiel.

- P.N. de Aigües Tores y Lago de San Mauricio.

- P.N. de Doñana.

- P.N. de Sierra Nevada.

- P.N. de las Islas Atlánticas de Galicia.

- P.N. de Cabañeros.

- P.N. de Monfragüe.

7. CONCLUSIÓN

Para finalizar este tema, decir que el estudio del paisaje es muy complejo, pero a la vez muy interesante de estudiar e intentar entender.

Como hemos visto, cada zona, con sus propias particularidades generadas a lo largo de un complejo histórico, presenta uno paisajes propios que pueden ser valorados e interpretados de diversas maneras. En todo caso, siempre hemos de tener presente que un paisaje es algo más que la simple suma de los elementos que lo forman.

Por estos motivos, es necesario también ver su razón de ser, valorarlo y darlo a conocer al resto de la sociedad, por tal de crear actitudes positivas que promuevan su estudio, conservación y, por qué no, su aprovechamiento.

Bibliografía útil:

BLANCO, E. y otros (2001) "Los bosques ibéricos: una interpretación geobotánica", 2a ed. Barcelona. Ed. Planeta.

DAJOZ, R. (2002) "Tratado de Ecología", 2ª edición. Ed. Mundi-prensa libros.

IZCO SEVILLANO, J. (2004) "Botánica", Ed. McGraw-Hill.

MADERUELO, J. (2007) "Paisaje y arte", Ed. Abada editores.

MARTINEZ, E. (2007) "La conservación del paisaje en los parques nacionales", Ed. Universidad Autónoma de Madrid.

VV.AA. (2001) "Gestión sostenible de paisajes rurales", Ed. Mundi-prensa libros.

También es interesante visitar la página dedicada a los parques nacionales del ministerio de medio ambiente en:

http://reddeparquesnacionales.mma.es/par ques/index.htm

TEMA 50

0. INTRODUCCIÓN

En este tema vamos a centrarnos en el estudio de los impactos ambientales producidos por la actividad del ser humano. Trataremos estos impactos que se realizan sobre los tres grandes compartimentos que engloban la actividad humana: atmosfera, hidrosfera y litosfera.

Este tema es muy amplio y se podría abarcas desde puntos de vista muy diferentes. No obstante, intentaremos hacer un resumen de los aspectos más importantes para que sea sencillo de explicar y entender excusando, por otro lado, la falta de aspectos que también podrían haber sido tratados.

Es muy importante pararse a pensar y ver cuáles son las acciones que el hombre lleva a cabo en el medio que le rodea, valorarlas y ver si pueden ser mejoradas en el caso que produzcan algún daño en el medio natural. Esto es la base de la concienciación ciudadana que, sin cuya participación, no podrían llevarse a cabo actuaciones positiva hacia el medio que nos sustenta.

Para la exposición de este tema seguiré el siguiente orden...

(es muy conveniente exponer con claridad, aquí al principio, el orden que se va a seguir, leer el índice de una forma ágil)

1. EL HOMBRE Y EL IMPACTO AMBIENTAL

A lo largo de la historia, el ser humano se ha ido independizando cada vez del medio natural que lo engendró, hasta tal punto de ser capaz de vivir, prácticamente, a expensas de éste. El gran desarrollo científico y tecnológico que ha experimentado en los últimos tiempos le ha permitido conseguir esta independencia pero, al mismo tiempo, sus actividades han afectado negativamente al medio que le rodea.

De hecho, el ser humano, con su actividad ha modificado profundamente el medio donde vivía. Tomando como referencia los dos último siglos vemos que:

-   se han deforestado alrededor de seis Km^2 de bosques y selvas,

-   ha cambiado la composición de la atmósfera, sobre todo en algunos de sus gases minoritarios y causantes entre otros, del efecto invernadero,

-   ha incrementado la cantidad de elementos traza, como el arsénico y le mercurio,

-   se han producido más de 70.000 nuevos componentes químicos...

Un problema añadido de muchas de estas acciones es que no son autorregulativas, sino que más bien se van acumulando sus efectos a lo largo del tiempo. Y todo ello comenzó cuando el hombre se hizo sedentario, agricultor y ganadero.

El **impacto ambiental** se puede definir como la *alteración de un elemento del medio provocado por una actividad humana, ya sea directa o indirectamente.* Esto tiene una repercusión sobre el hombre, ya sea a corto, medio o largo plazo, pues en cierta manera, aún sigue formando par de la cadena trófica.

Por otro lado, la directiva 337 de 1985 de la CEE (reflejada en España en dos Reales Decretos), obliga a realizar una **Evaluación de Impacto Ambiental** previa a la realización de determinados proyectos por tal de:

-   integrar el proyecto en el medio,

-   minimizar los impactos,

-   ahorrar en la inversión,

- que sea mejor aceptado socialmente.

Otro concepto importante a tener en cuenta es el de **contaminación**. La contaminación, en palabras del eminente ecólogo Ramon Margalef, puede definirse como *el desequilibrio entre la producción y descomposición de ciertos materiales del ecosistema*. Aquí abría que considerar una contaminación de origen natural, que es puntual y mucho menor que otra, la contaminación antrópica, que es de tal envergadura que no le da tiempo al ecosistema de autorrecuperarse.

Los impactos pueden clasificarse por sus efectos; entonces encontramos impactos *reversibles* e *irreversibles* o *recuperables* e *irrecuperables*. También por su duración, y tenemos impactos ocasionados a *corto plazo* y otros a *largo plazo*.

En los apartados siguientes vamos a ver algunos de los principales impactos que afectan a nuestros ecosistemas.

2. IMPACTOS SOBRE LA ATMÓSFERA

La contaminación atmosférica es la presencia de agentes contaminantes en la atmósfera. Un **contaminante atmosférico** es una sustancia gaseosa, líquida o sólida presente en la atmósfera que, a partir de ciertos niveles, pueden ocasionar, directamente o indirectamente, efectos nocivos tanto a los seres vivos como a los materiales. No obstante, también se pueden considerar contaminantes ciertas *formas de energía* como las radiaciones ionizantes, el ruido o la luz.

Se puede hablar también de una polución de fondo debida a procesos naturales, tales como erupciones volcánicas, erosión superficial y otros, que continuamente generan sustancias potencialmente contaminantes. Esta contaminación, no obstante, es asumida por la propia naturaleza. Es la acción del hombre la que incrementa la cantidad de estas partículas que pueden llegar a ser tratadas como contaminantes.

Respecto a los contaminantes, es preciso destacar dos tipos según la forma en que ingresen en el aire atmosférico:

- **Contaminantes primarios**. Son aquéllos que son vertidos directamente a la atmósfera desde los focos emisores. Entre ellos encontramos *aerosoles* (partículas sólidas y líquidas), *gases* como los óxidos de azufre, nitrógeno y carbono, *metales pesados, compuestos halogenados* (como los clorofluorocarbonados) y *compuestos orgánicos.*

-   **Contaminantes secundarios**. Son aquéllos que se producen como consecuencia de reacciones químicas que sufren los contaminantes primarios en el aire. Entre ellos encontramos ácidos como el sulfúrico y el nítrico, óxidos de nitrógeno y el ozono troposférico.

En los siguientes apartados vamos a ver algunas de las formas más comunes de contaminación atmosférica.

2.1. La bruma fotoquímica

La bruma fotoquímica es una especie de nubosidad producida por todos aquéllos compuestos que no sean transparentes. Estos compuestos generarán, además de las alteraciones químicas propias de cada compuesto, alteraciones en la visibilidad, como ocurre con el **smog** en las grandes ciudades.

Por otro lado, estos compuestos también podrán afectar a las actividades fisiológica de algunos seres vivos como puede ser la fotosíntesis de los vegetales, ya sea porque la atmósfera donde viven impide que llegue la luz, ya sea porque se ven cubiertos por partículas de polvo que obstruyen sus estomas.

2.2. La lluvia ácida

La lluvia ácida es un fenómeno que se produce a partir de compuestos nitrogenados y sulfurados que, en combinación con el agua de la atmosfera, generan sus respectivos ácidos y se depositan sobre la tierra en forma de lluvia o bien, si no se combinan con el agua, por *deposición seca.*

Este fenómeno genera, entre otros efectos, quemaduras en las plantas, que puede verse incrementada por condiciones de niebla o de inversión térmica, de cada zona en concreto. También puede producir alteraciones en materiales de construcción de origen calcáreo, como ocurre en muchas catedrales del norte de Europa.

4

2.3. El agujero de ozono

Lo que vulgarmente se viene llamando "el agujero de ozono" es realmente una disminución en el grosor de la capa de ozono que se observa en zonas polares, principalmente sobre el continente antártico.

Esta disminución se debe a la presencia en la atmósfera de algunos compuestos halogenados, y entre ellos los famosos clorofluorocarbonados, que liberan contaminantes secundarios como el cloro. Éste interacciona con el ozono y lo disocia, llegando a generar una disminución considerable en el grosor de esta capa.

Como consecuencia, la disminución del grosor de la capa protector o, incluso, su inexistencia, no evitaría que los rayos solares alcancen la Tierra, lo que podría provocar alteraciones en los seres vivos tales como alteraciones en la fotosíntesis, cáncer de piel o quemaduras.

2.4. El efecto invernadero

El efecto invernadero es un proceso natural que permite que nuestro planeta goce de una temperatura templada, mayor que la que le correspondería por la distancia que ocupa respecto al Sol. El problema está en el *aumento* de este efecto por la acción humana.

En concreto, ciertos compuestos de alto peso molecular, y entre ellos el dióxido de carbono y el metano, retienen el calor que desprende la superficie terrestre y hacen que la atmósfera se mantenga más cálida. Un exceso de estos gases podría aumentar significativamente la temperatura del planeta, cosa que produciría alteraciones en la dinámica atmosférica y en las masas de hielos polares.

La quema de combustibles fósiles, la síntesis y utilización de ciertos productos de alto peso molecular como los CFCs, O_3, NO_x y SO_x, la deforestación y quema de bosques, etc., son procesos antrópicos que producen gran cantidad de gases invernadero que aumentarían este proceso.

3. IMPACTOS SOBRE LA HIDROSFERA

Cuando hablamos de impactos sobre la hidrosfera, hemos de distinguir dos grandes compartimentos: las aguas marinas y las continentales, que incluyen las superficiales y las subterráneas. Tanto unas como otras pueden ser contaminadas por agentes que pueden ser de diversos tipos y producir diversos efectos. En términos generales, se pueden diferenciar en:

- **Contaminantes físicos**. Comprenden sedimentos, materia orgánica en suspensión, partículas radiactivas y formas de energía que pueden hacer variar la temperatura.

- **Contaminantes químicos**. Son productos químicos de diferente origen que incluyen contaminantes orgánicos solubles, contaminantes inorgánicos metálicos, sales...

- **Contaminantes biológicos**. Incluyen seres vivos microscópicos como bacterias, protozoos, virus, algas y gusanos parásitos, mucho de ellos patógenos.

A continuación, vamos a ver cada uno de los principales compartimentos de la hidrosfera, así como los principales problemas que presentan.

3.1. Contaminación de las aguas continentales

El problema de las aguas continentales deriva de su volumen y dinámica. Entre todas ellas, contienen sólo una pequeña parte del agua total del planeta pero, en cambio, son las más castigadas por la acción humana, ya que se encuentran muy a mano y, además, son un buen sistema de evacuar los desechos generados por su actividad.

Respecto a los **ríos**, por propia naturaleza, llevan disueltas sales que los dotan de una determinada salinidad (mayor cuanto más cerca se encuentren de su desembocadura). A parte de ésta, se van cargando de materia orgánica o productos de origen antrópico. Algunas de estas sustancias son residuos fecales, metales pesados, nitratos y fosfatos, pesticidas (insecticidas, fungicidas, algicidas...) y materia en suspensión (generalmente resultante de un proceso de erosión previo).

No obstante, los ríos posee, de por sí, una cierta capacidad de autodepuración llevada a cabo, entre otros, por los microorganismos oxidantes de materia orgánica. El problema está, por el contrario, en la sobrecarga de esta autodepuración.

En los **lagos**, el problema es muy similar, aunque con algunas matizaciones. Vistos desde un punto de vista de funcionamiento, los lagos son mucho menos dinámicos que los ríos. Además, tienen un volumen relativamente pequeño comparado con el gran aporte de contaminantes que pueden recibir de los ríos. Todo esto lleva a que los procesos contaminantes en lagos sean rápidos en manifestarse, pero lentos en depurarse.

Por otra parte, su estancamiento hace que no cuenten con grandes sistemas de autodepuración, lo que les hace padecer procesos contaminantes con frecuencia, como es el caso de la **eutrofización**. Esta se produce cuando existen vertidos de fosfatos y nitratos, generalmente de origen agrícola, que son factores limitantes en el crecimiento de las algas acuáticas. Estos nutrientes propician el crecimiento de algas unicelulares en superficie, pero el exceso de materia orgánica impide el paso de luz y la consiguiente muerte del resto de algas que queda por debajo. Esto lleva a una descomposición de la materia orgánica, primero por medio aeróbicos pero, cuando se acaba el oxígeno, por medios anaeróbicos, lo que produce la muerte de organismos acuáticos. La anaerobiosis provoca también una acidificación del medio, y ésta, la liberación de metales pesados de los sedimentos.

El caso de las **aguas subterráneas** también es muy particular. Por su baja dinámica y alto tiempo de residencia del agua en este compartimento, la contaminación en estos lugares es mucho más grave que los anteriores y que se detecta con menos facilidad, a veces, incluso después de largos periodos después de haberse producido el vertido, cuando el problema ya es muy serio y difícil de solucionar. Los contaminantes que llegan de superficie se infiltran poco a poco a través de las rocas y los sedimentos, pasando cierto tiempo entre la introducción del contaminante y su llegada al acuífero. En algunas zonas, como las cársticas, este proceso es mucho más rápido.

La autodepuración que se pueda llevar a cabo en estas zonas es también baja, pues la cantidad de oxígeno presente en el subsuelo es pequeña, debido a que no existen organismos productores de oxígeno cerca.

El origen de la contaminación de estas zonas se debe a infiltraciones de capas superiores procedentes de aguas subterráneas e industriales, residuos de ganadería y agricultura, basureros, pozos ciegos...

3.2. Contaminación de las aguas marinas

Cuando hablamos de la contaminación de los océanos hemos de percatarnos de que a pesar de su gran volumen, y a diferencia de lo que muchas veces se piensa, pueden llegar a contaminarse. Ahora bien, esta contaminación va a estar muy localizada, principalmente, en la costa.

Los océanos se pueden contaminar bien indirectamente a través de los ríos, bien directamente por vertidos intencionados, accidentes marítimos o la industria costera. Pero su estado de salud es difícil tanto de diagnosticar y de remediar. La situación se complica en mares con poca circulación de aguas, como el Mediterráneo o el mar Negro. También es frecuente encontrar basuras flotantes, principalmente plásticos y derivados.

Por otra parte, cabe destacar, al contrario de lo que muchas veces se piensa, que aunque las mareas negras son una fuente de contaminación, si bien puntual muy alarmante, la mayor parte de la contaminación por combustibles fósiles se lleva a cabo por las tareas de limpieza de los grandes bracos petroleros.

3.3. Alteración de los cauces

Las infraestructuras que el ser humano lleva a cabo, en muchas ocasiones pasan por la modificación y alteración de los cauces de ríos. Algunas de estas modificaciones son la construcción de presas, azudes, cambio el curso de los ríos, trasvases, etc.

Como consecuencia, se puede producir la desaparición de ciertas especies, la acumulación de contaminantes en ciertos lugares, etc.

A esto se le une otras actuaciones como la extracción de gravas, que alteran el biotopo de los ecosistemas fluviales, como pueden ser las zonas de desove de muchos peces.

Otra modificación importante de la dinámica fluvial viene del continuo aporte de sedimentos que aumenta la carga de fondo y en suspensión, modificando también la tasa de sedimentación aguas abajo, con peligro de colmatación de pequeñas represas.

3.4. Agotamiento de acuíferos

Los acuíferos son acumulaciones de agua bajo la superficie terrestre que se generan por infiltraciones de aguas superficiales a lo largo del tiempo. Esta última característica, o sea, su lenta renovación, hace que sean muy susceptibles a acumular contaminantes, como hemos visto anteriormente, pero, por otro lado, también a que se agoten fácilmente una vez se comiencen a explotar.

Todo acuífero tiene una renovación de agua, en algunos más lenta y en otros más rápida. El problema radica cuando se lleva a cabo una explotación por encima de su capacidad de recarga. Cuando se trata de **acuíferos fósiles** (aquéllos que su recarga se produce en largos periodos de tiempo), cualquier explotación es ya una sobreexplotación. Esta explotación lleva acompañada, en muchas ocasiones, una desecación de zonas húmedas y la consiguiente destrucción de humedales.

En zonas costeras, por su lado, la sobreexplotación de acuíferos puede dar lugar a una intrusión de aguas marinas saladas, lo que hacen inútiles estos acuíferos para su uso urbano y agrícola.

3.5. Impactos sobre las costas

Las costas, como periferias de la hidrosfera marina, también sufren una gran cantidad de impactos por causa de la acción humana. El hombre busca las costas como un lugar privilegiado para asentarse y construir sus poblaciones. También es importante por el comercio exterior que permite. Todo esto ha generado una alteración de estas zonas.

La propia dinámica marina ha ayudado a que las obras humanas hagan más vulnerable este medio, con la consecuente pérdida de playas, deposiciones de sedimentos en puertos y otras zonas no deseadas, alteración de las praderas marinas, desaparición de especies, etc.

El bajo conocimiento que se pueda tener sobre este medio puede provocas, además, que las medidas de restauración que se tomen no sean las adecuadas por no estar adaptadas a la dinámica propia del medio.

Vamos a ver, a continuación, los principales impactos que se hacen sobre las costas:

- **Construcción de muros y diques**. Muchas veces se construyen en la base de acantilados o de zonas rocosas para evitar su caída. Esto interrumpe el proceso erosivo natural del mar pudiendo provocar, además, que la fuerza erosiva que lleva el mar se centre en otro punto de la costa.

- **Espigones y gaviones**. Se construyen perpendicularmente a la costa para retener arena procedente de las corrientes de deriva, pero también para impedir que estas corrientes se lleven la arena de las playas colindantes. Su mala ubicación produce el efecto contrario al esperado, o sea, que se erosione aún más la costa.

- **Rompeolas**. Son muros formados, generalmente, de piedras o bloques de cemento sueltos, muchas veces bajo la superficie, que se utilizan para frenar la fuerza erosiva que llevan las olas.

- **Vertidos sólidos**. La actividad humana también ha utilizado el mar como vertedero. En ocasiones se vierten escombros y deshechos de obras de ingeniería en las costas, modificando la dinámica natural de éstas.

- **Vertidos líquidos**. Mediante emisarios submarinos, o directamente en superficie, se vierten sustancias de desecho de ciudades e industrias, conteniendo todo tipo de materiales. Esto, además, es origen de la **basura flotante**, que genera, entre otros, un impacto visual importante.

- **Accidentes marítimos**. Aunque poco frecuentes, cuando se producen generan un impacto ambiental, si bien local, importante. A veces, las tareas de limpieza de barcos de mercancía genera aún más residuos que los accidentes de estos mismos barcos, como pueden ser los de los petroleros.

- **Procesos industriales**. Por ser las costas zonas de llegada de mercancías, también son zonas de su procesado, por lo que genera gran cantidad de industrias que producen residuos que, finalmente y generalmente poco tratados, llegan al mar.

- **Contaminación indirecta**. Por otra parte, los ríos llevan al mar todos los contaminantes que lleva en su seno y que han ido recogiendo a su paso por ciudades, industrias, campos de cultivo...

4. IMPACTOS SOBRE LA LITOSFERA

El ser humano es un ser vivo terrestre y, por esta razón, su mayor actividad la llevará a cabo en este medio. Como consecuencia, las mayores alteraciones se producirán también en el medio terrestre. Vamos a ver, en los siguientes apartados, algunos de los principales impactos que el hombre lleva produce sobre la litosfera.

4.1. Ocupación del suelo

El primer aspecto a destacar quizás sea la mera ocupación de este medio por los asentamientos humanos. El problema viene, más que de la ocupación del territorio en sí, de los cambios tan drásticos que se produce en el uso de suelo. En muchas ocasiones, se crean situaciones irreversibles, como son las construcciones de hormigón o alquitrán, y otras, por el impacto que crea en el ambiente general, como son las líneas de alta tensión, las carreteras...

Aparte de los problemas que esta actividad produce, algunos de los cuales iremos viendo a continuación, la presencia del hombre excluye, en la mayoría de casos, la presencia de otros seres vivos, como animales, bosques..., y sus respectivos ecosistemas naturales.

4.2. Erosión y desertificación

Las actividades humanas destruyen el suelo. La pérdida de suelo, cuando se habla en términos generales, se conoce como **erosión**.

En ocasiones, determinados ecosistemas tienen tendencia a adoptar unas características cada vez más desérticas; esto se conoce como **desertización**. Se suelen distinguir, no obstante, del término **desertificación**, que hace referencia a cuando el hombre interviene en este proceso acelerándolo.

Su acción se centra en algunas actuaciones como pueden ser:

- **El exceso de tala**. Actualmente, esta actuación está bastante controlada, pero no por ello deja de ser preocupante que zonas que han tenido grandes bosques en el pasado (como los Monegros de Zaragoza), actualmente estén desprovistos de apenas vegetación por una mala gestión en su momento.

- **El sobrepastoreo.** El pastoreo ha sido una actividad tradicional que estaba en bastante concordancia con el medio natural. El problema ha sido cuando se ha hecho necesario el concentrar el ganado para incrementar su producción, mejorar el rendimiento...

- **Abuso y sobreexplotación de los suelos agrícolas.** Utilizando maquinaria que realiza labores más profundas, hecho que desmantela la estructura del suelo y expone los horizontes profundos a la acción de los agentes geológicos externos.

- **Irrigación con aguas de baja calidad.** En zonas costeras hay tendencia a sobreexplotar los acuíferos. Cuando el agua que se obtiene contiene una cierta concentración de sales, entonces ya no se utiliza para beber sino para otros usos como el riego, con el consiguiente problema de la salinización y pérdida de propiedades.

- **Eliminación de márgenes.** Las zonas naturales que rodeaban los campos hacían como de retención del suelo. Además, eran capaces de repoblar un campo de cultivo rápidamente, una vez era abandonado. La unificación de las tierras en grandes propiedades ha hecho que estos márgenes se eliminaran y se perdiera, por tanto esta capacidad de retención y regeneración del suelo.

- **Abandono de tierras.** Es un problema que, aunque secundario, puede generar problemas en zonas que se encuentran en pendientes o en suelos con pocos nutrientes y, por tanto, con poca capacidad de regenerar la vegetación natural que existía. Esto se ha producido en zonas rurales donde la gente se ha reunido en ciudades y abandonado las pequeñas poblaciones con sus respectivos medios de sustento.

- **Los incendios forestales.** Son un evento muy temido sobre todo en nuestro país, en especial cuando se acerca el verano. Producen una desprotección de grandes zonas que pierden el suelo fértil con rapidez, sobre todo si se encuentran en zonas con pendiente. Las zonas más propensas a los incendios son aquéllas que tengan bosque de coníferas, como el pino blanco.

- **Gran cantidad de obras públicas y explotaciones mineras.** La industria y las ciudades demandan materias primas que se obtienen de canteras y minas, generando la alteración del terreno correspondiente. Por otra parte, para el transporte de todo este material se necesita una gran red de comunicaciones que también producen la alteración del medio natural.

En ocasiones, problemas sociales y económicos pueden repercutir aún más negativamente en este problema. Aquí nos referimos, por ejemplo, a las guerras o el incremento de la producción que deja de lado las técnicas tradicionales más respetuosas, etc.

Unas y otras causas, dan lugar a procesos que conllevan, finalmente a la desertificación de los ecosistemas. Como consecuencia de estas acciones, se produce una *pérdida del suelo fértil*, así como *la destrucción de la cubierta vegetal* autóctona que lo protegía.

4.3. Deforestación

El ser humano ha utilizado del medio natural para su desarrollo a lo largo de la historia. La madera de los bosques ha sido un medio esencial en la historia.

Con el descubrimiento del fuego, comenzó la destrucción masiva de los bosques. Se necesitaban tierras fértiles para extender los cultivos de las poblaciones en crecimiento. Posteriormente, las frecuentes guerras requerían unas cantidades ingentes de madera, tanto para construir armamento, como para utilizarla como combustible.

En la actualidad, hemos heredado gran parte de estas acciones históricas, a las cuales se suman otras como:

- la extensión de los nuevos cultivos agrícolas, que necesitan grandes extensiones sin barreras.

- incremento de las áreas urbanas.

- necesidad de zonas para pastoreo; esta práctica utilizada al extremo, destruye el estrato herbáceo, que protege por su parte el suelo y facilita, cuando está, la regeneración del bosque.

- frecuencia y magnitud de las plagas que, cuando aparecen, se extienden a grandes regiones, produciendo importantes pérdidas en las poblaciones tanto cultivadas como naturales.

- los incendios son un eficaz agente destructor de bosques; la regeneración de un bosque tras un incendio es lenta y costosa.

- la lluvia ácida puede tener cierta importancia, sobre todo en las zonas más industrializadas; quizás no es tan grave como para eliminar los bosques totalmente, pero sí los deterioran, disminuyendo su capacidad vital.

- también puede haber otros problemas añadidos como puede ser el de la desertización, que degenera los estratos arbóreo, arbustivo y herbáceo y dificulta, en general, la regeneración de una masa forestal.

4.4. Agotamiento de reservas minerales y energéticas

El ritmo de vida de la sociedad actual demanda una gran cantidad de recursos. Entre ellos, los recursos minerales y energéticos suponen una base muy importante de estas materias que, al ritmo de consumo actual, pueden llegar a agotarse.

Con respecto a las *reservas minerales*, algunos autores estiman que podrían agotarse, al menos algunas de ellas, en menos de un siglo. También es cierto, que las nuevas tecnologías y los nuevos métodos de explotación podrían alargar su duración mucho más tiempo.

Las *reservas energéticas* son un problema más candente actualmente. Las reservas fósiles son un punto de apoyo muy importante de nuestra sociedad. Su gran uso podría agotarlas en pocos años, lo que supondría la búsqueda de nuevas fuentes de energía. Además, suponen una fuente importante de contaminación ambiental.

4.5. Contaminación del suelo

El suelo es un recurso muy importante que no siempre se acaba de valorar. Su generación, al contrario de lo que pueda parecer, es muy lenta, lo que supone que una pérdida o alteración de este, dejará de realizar las funciones propias que dependen de él.

Entre otros aspectos, la acción humana puede alterar sus propiedades físicas o químicas, como puede ser el caso del vertido ricos en metales procedentes de la minería, agricultura, ganadería, aguas residuales urbanas o industriales. Otras actividades, en cambio, puede producir la acidificación del suelo. El aire y el agua contaminados serán los principales vectores por los cuales se alterará el suelo.

Entre los principales agentes contaminantes podemos destacar:

- **Productos de desecho**. Se trata de la alta acumulación de residuos urbanos o industriales, muchos de ellos no biodegradables. Además, estos residuos pueden ser focos de infección al acumularse insectos y roedores. También generan un impacto visual y, muchas veces, un olor desagradable.

- **Plaguicidas**. Las plagas de hierbas e insecto no deseados que los grandes cultivos atraen, hace necesario el uso de herbicidas y plaguicidas para combatirlos. En muchas ocasiones, estos productos no se degradan generando acciones no deseadas sobre el medio. Otras veces, pueden transformarse en otros más peligrosos o, incluso, entrar en la cadena trófica y afectar a otros seres vivos, y entre ellos el hombre.

4.6. Destrucción del paisaje

El paisaje es un recurso que está tomando un valor notable sobre todo en los últimos años. Su deterioro y destrucción hiere, más que a la salud, a la sensibilidad del hombre moderno.

Vamos a ver, rápidamente, algunas de las principales causas de esta alteración del paisaje:

- **Agricultura y ganadería**. Los cultivos eliminan los ecosistemas naturales, generando paisajes muy artificializados. Las repoblaciones, pese a ser un impacto positivo, también alteran la percepción del paisaje original.

- **Urbanismo**. Esta actividad genera *paisajes urbanos*, totalmente artificiales. En muchas ocasiones, va asociado a una economía creciente. Así se altera el paisaje de las costas, el paisaje urbano y el rural, como consecuencia del turismo o de la construcción de las segundas viviendas.

- **Obras públicas**. El aumento de la movilidad de las personas, el mayor transporte de mercancías por tierra y, en general, el gran auge de las comunicaciones, han propiciado la construcción de nuevas vías de comunicación o la mejora de las ya existentes, con la generación de un mayor impacto ambiental.

- **Industria**. Las actividades extractivas, como la minería o las canteras, generan un impacto grande debido al gran movimiento de materiales que llevan a cabo, así como de los procesos erosivos que suelen llevar asociados. Por otro lado, está el problema de los vertidos incontrolados, que generan focos de contaminación y, sobre todo, un impacto visual importante.

5. LA PÉRDIDA DE BIODIVERSIDAD

La biodiversidad, concepto que se ha puesto muy de moda en los últimos años, engloba a todos los organismos vivos de nuestro planeta, así como a las formas que pueden adoptar, los ambientes que pueden habitar y todas las relaciones que se pueden llegar a dar entre ellos. La modificación de los ecosistemas naturales alterará, por tanto, su biodiversidad. Vamos a ver algunos aspectos más concretos.

5.1. Degradación de la biodiversidad

La *degradación* de la biodiversidad hace referencia a la pérdida de especies de organismos vivos, así como de los ecosistemas donde estos viven.

Este hecho viene dado por la unión de diversos factores como la deforestación, la desecación de zonas húmedas, la expansión urbana y la industria, la sobrepesca y la caza excesiva, envenenamientos, utilización excesiva de productos químicos, alteración de ríos, y un largo etcétera.

5.2. Homogeneización de la biodiversidad

El concepto de *homogeneización* de la biodiversidad se refiere más al acortamiento de los límites entre los que se encuentra la diversidad de nuestro planeta. Es decir, que podríamos continuar teniendo el mismo número de especies, pero mucho más parecidas entre ellas. El problema que esto genera es que cuando se produzca una alteración en un ecosistema, éste dispondrá de menos herramientas para hacer frente a ella.

Tanto la degradación como la homogeneización de la diversidad, son procesos irreversibles, ya que cuando un ser vivo desaparece, lo hace también una serie de características genéticas únicas, además de un eslabón del ecosistema irrepetible.

La biosfera forma, además, parte de de la riqueza de un país, de un proceso evolutivo que ha durado miles de años, y que puede ser fuente de posibles alimentos y medicinas. Tras una desaparición grande de especies, la biosfera se recupera relativamente rápido, pero la calidad y variedad genética de las especies es pequeña.

6. CONCLUSIÓN

Como conclusión, hemos de decir que las actuaciones del ser humano sobre el medio son diversas. Todas ellas generan un impacto sobre los ecosistemas, algunos menores y otros mayores, algunos positivos pero muchos de ellos negativos.

Estos impactos se han de estudiar y conocer, ver el origen y las causas, así como las posibles soluciones viables que puedan llevarse a cabo, tanto a nivel particular, estatal o mundial.

Por otro lado, ante estos problemas hemos de generar actitudes que favorezcan la paliación de estos impactos y, para ello, nada mejor que educar a la población general para que vean el grado de estos problemas, los valoren y surjan iniciativas que intentes reducirlo e, incluso, eliminarlos.

Bibliografía útil:

ANGUITA, F. y MORENO, F. (1993) "Procesos geológicos externos y geología ambiental", Ed. Rueda.

BARROSO, C. y otros (2004) "Investigaciones en educación ambiental: de la conservación de la biodiversidad a la particiapción para la sostenibilidad", Ed. Icona.

CRAIG, J. y VAUGHTAN, D.J. (2006) "Recursos de la Tierra: origen, uso e impacto ambiental", 3º ed. Ed.Pearson educación.

DOMÈNECH, X. (1991) "La contaminació atmosfèrica", Ed. Barcanova.

MARGALEF, R. (1974) "Ecología", Ed omega.

RIERA, P. (2000) "Evaluación de impacto ambiental" Ed. Rubes editorial.

SANZ, J.M. (1991) "La contaminación atmosférica", Publicaciones del MOPT.

SOLER, M.A. (1997) "Manual de gestión del medio ambiente", Ed. Ariel.

VV.AA. (2006) "Un viaje por la educación ambiental de España", Ed. Icona.

www.ingramcontent.com/pod-product-compliance
Lightning Source LLC
Chambersburg PA
CBHW070919180526
45168CB00005B/2078